Christian Scheier · Dirk Bayas-Linke · Johannes Schneider

Codes. Die geheime Sprache der Produkte

Bibliografische Information der Deutschen Nationalbibliothek

Die Deutsche Nationalbibliothek verzeichnet diese Publikation in der Deutschen Natio-
nalbibliografie; detaillierte bibliografische Daten sind im Internet über http://www.d-nb.de
abrufbar.

ISBN: 978-3-648-00301-5   Bestell-Nr. 00285-0001
1. überarbeitete Auflage 2011

© 2010, Haufe-Lexware GmbH & Co. KG, Munzinger Straße 9, 79111 Freiburg

Redaktionsanschrift: Fraunhoferstraße 5, 82152 Planegg/München
Telefon: (089) 895 17-0
Telefax: (089) 895 17-290
www.haufe.de
online@haufe.de
Projektmanagement: Dr. Leyla Sedghi

Lektorat: Ulrike Wachter-Eberle
Umschlag: Matthias Zeising, Neonrausch
Satz: KompetenzCenter, Mönchengladbach
Druck: freiburger graphische betriebe, 79108 Freiburg

Zur Herstellung dieses Buches wurde alterungsbeständiges Papier verwendet.

Christian Scheier · Dirk Bayas-Linke · Johannes Schneider

Codes. Die geheime Sprache der Produkte

Für Katie, Henri, Inge, Natalie, Anna, Betty und Emily, ohne deren Liebe und Unterstützung dieses Buch nie entstanden wäre.

Inhalt

Vorwort

Warum dieses Buch geschrieben wurde

Seit dem Erscheinen unseres letzten Buches *Was Marken erfolgreich macht* sind inzwischen drei Jahre vergangen. In diesen drei Jahren hat sich in der neuropsychologischen Forschung so viel getan, dass wir heute einen noch genaueren und schärferen Zugang zu der Frage haben, warum Menschen kaufen, was sie kaufen. Und hier liegt das erste Ziel dieses Buches: Wir wollen anhand spannender Fallbeispiele aus der Marketingpraxis einen Überblick über den aktuellen Stand der neuropsychologischen Forschung geben und vor allem zeigen, wie diese neuen Erkenntnisse helfen, unser Marketing noch effizienter und erfolgreicher zu gestalten. Dieses Buch zeigt auf, wie wir das Thema Neuromarketing weiterentwickeln können und was für ein Befreiungsschlag das für die Marketingpraxis ist.

Als Marketingberater konnten wir in den letzten drei Jahren zudem weitere wertvolle Erfahrungen in der Anwendung des Neuromarketings mit unseren Kunden und Partnern sammeln. Und hier zeigt sich eines sehr deutlich: Es wird noch immer viel diskutiert. Durch das Neuromarketing und entsprechende Angebote im Markt sind die verborgenen, impliziten Kaufgründe nun systematischer zu greifen. Das war ein wichtiger Schritt. Aber die internen Diskussionen scheinen dadurch nicht weniger, sondern sogar noch mehr geworden zu sein. Es gibt die vordergründigen, expliziten und die verborgenen, dahinterliegenden bzw. impliziten Gründe für das Kaufverhalten, aber was ist nun wie wichtig? Bestimmen jetzt nur noch die Emotionen unser Verhalten und wie wichtig ist dann noch das Produkt mit seinem funktionalen Nutzen? Wie also hängen Implizites und Explizites beim Konsum zusammen? Vor allem: Wie setzen wir das alles richtig um? In den meisten Fällen wählt man den Kompromiss und zeigt gefühlvolle Szenen und dazwischen eine Produktdemonstration. Aber Emotion und Produkt haben oft wenig miteinander zu tun. Es werden Strategien entwickelt, aber die Diskussionen beginnen meist erst danach, wenn es um die Umsetzung der Strategien geht. Denn wie sieht der emotionale Benefit denn nun genau aus, welche Signale sind richtig und wichtig? Was müssen wir behalten und was können wir ändern? Das zweite Ziel dieses Buches ist es, hier eine Hilfestellung zu geben. Wir wollen helfen, klarere Leitplanken von der Strategie bis hin zur Umsetzung zu geben, denn darin liegt die größte Herausforderung im Marketingalltag.

Gemäß dem Sprichwort „nichts ist so praktisch wie eine gute Theorie" werden wir zunächst die neuropsychologische Brille, durch die wir den Konsumenten und seine Entscheidungen betrachten, signifikant schärfen. Die Vereinfachungen, die zu Beginn des Neuromarketings sicher hilfreich und notwendig waren, stoßen an ihre Grenzen, wenn es um die konkrete Umsetzung im Alltag geht. Und genau hier helfen die wissenschaftlichen Erkenntnisse der letzen drei Jahre enorm weiter. Ein besseres Verständnis der Konsumenten und darüber, wie wir Menschen entscheiden, hilft uns, die Praxisfragen systematischer und klarer zu beantworten.

In den letzten Jahren ging in den Diskussionen das spezifisch Menschliche beim Konsum verloren, auch und gerade bei den Diskussionen rund um das Neuromarketing. Zwar teilen wir 98 Prozent unserer Gene mit dem Affen, aber die restlichen zwei Prozent scheinen einen großen Unterschied zu machen, denn Affen lesen keine Romane und unterscheiden auch nicht zwischen verschiedenen Marken. In diesem Buch entschlüsseln wir die spezifisch menschliche Fähigkeit, die hinter Konsum liegt und zeigen, wie hilfreich diese Erkenntnisse für die Marketingpraxis sind.

Dieses Buch soll in erster Linie daran gemessen werden, ob es in der Marketingpraxis weiterhilft. Die Aufarbeitung der wissenschaftlichen Erkenntnisse dient nur diesem einen Ziel.

Wie dieses Buch aufgebaut ist

Vor diesem Hintergrund ist das Buch in zwei Teile aufgebaut. Im ersten Teil geht es darum, das Wissen rund um die Frage, wie Menschen entscheiden, auf den neuesten Stand zu bringen und die vorhandenen Missverständnisse und Fehlinterpretationen rund um das Neuromarketing auszuräumen. Wir werden noch besser verstehen, warum Kunden kaufen, was sie kaufen und warum sie die Produkte so nutzen, wie sie es tun. Das Buch lädt Sie deshalb ein zu einer faszinierenden Reise in das Geheimnis von Produkten und der Frage, warum wir kaufen, was wir kaufen. Wir haben eine Fülle neuer und wichtiger Erkenntnisse aus der Neuropsychologie, aber auch der Konsumpsychologie und angrenzenden Wissenschaften wie der Linguistik verarbeitet. Dabei geht es immer darum, das Verhalten der Kunden zu verstehen und dadurch Produkte erfolgreicher vermarkten zu können. In diesem Buch werden etwa zum ersten Mal neue Erkenntnisse der Forschung zum menschlichen Stirnhirn (Prefrontal Cortex) oder auch der so genannten „Embodied Semantics"- und „Embodied Cognition"-Forschung, wie also unser Körper unser Denken bestimmt, für die Marketingpraxis aufbereitet und anhand konkreter Fallbeispiele für konkrete Marketingaufgaben umgesetzt.

Der zweite Teil des Buches wendet dieses neue Wissen auf die Marketingpraxis an. An vielen aktuellen Beispielen machen wir deutlich, wie wir im Marketingalltag systematischere und effizientere Entscheidungen treffen, wenn wir unser Marketing konsequent auf den Konsumenten und auf die Prozesse im Gehirn ausrichten. In diesem zweiten Teil des Buchs finden Sie Antworten auf folgende Fragen:

- Wie können wir die Relevanz, Glaubwürdigkeit und Differenzierung bei der Vermarktung unserer Produkte erhöhen?
- Wie bringen wir Produkt und Marke zusammen? Was sind die zentralen Codes?
- Welche Zugänge gibt es zu Innovationen und relevanten Produktentwicklungen?
- Wie können wir entscheiden, ob wir einen Trend für unser Produkt nutzen sollen oder nicht?
- Wie bestimmen wir den optimalen Preis für unser Produkt?
- Wie können wir das Potenzial von Positionierungen besser messen?
- Wie entscheiden wir ohne subjektive Geschmacksurteile, ob ein Produktdesign, eine Werbung oder eine Innovation strategisch richtig oder falsch ist?
- Wie können wir die Aufmerksamkeit der Kunden gewinnen?
- Wie können wir Verpackungen optimieren?
- Wie können wir den Point of Sale (POS) systematischer nutzen?
- Welche Ansätze gibt es für effiziente Kommunikation?

Auf der Grundlage neuester Erkenntnisse der Neuropsychologie zur Frage, warum Menschen tun, was sie tun, zeigt dieses Buch neue und hilfreiche Antworten auf diese Fragen.

An wen sich dieses Buch richtet

Dieses Buch wendet sich zunächst an alle, die sich dafür interessieren, warum wir die Produkte kaufen, die wir kaufen. Wer schon immer wissen wollte, was Produkte über uns aussagen, welche Wirkung sie im Gehirn entfalten und wie wir ihre Codes entschlüsseln können, der findet in diesem Buch Antworten. Aber gerade auch Experten, die tagtäglich mit der Vermarktung von Produkten beschäftigt sind, werden auf ihre Kosten kommen. Wer genug hat von den täglichen Geschmacksdiskussionen in puncto Werbung oder Verpackung, der findet in diesem Buch einen neuen, systematischen und objektiven Zugang zu den Entscheidungen der Kunden.

Neu eingebaut haben wir Web-Tipps, die über so genannte QR-Codes abrufbar sind. Um die hinter den QR-Codes liegenden Beispiele nutzen zu können, benötigen interessierte Leser zwei Dinge: ein Handy mit Internetzugang und eine kostenlose Reader-Software (z. B.: www.activeprint.org, www.kaywa.com, www.quickmark.com.tw). Dann einfach das Handy mit der Kamera auf den Code halten, als würde man ihn fotografieren wollen, und schon läuft der Film ab oder es öffnet sich der Link zu einer spannenden Studie. Die Web-Tipps sollen genauso wie das ausführliche Literaturverzeichnis helfen, die Quellen zu prüfen und zu einem eigenen Urteil zu kommen. Wir haben deshalb in das Buch auch immer wieder Zitate von Experten zu dem jeweiligen Thema integriert. Zitate in englischer Sprache haben wir für die bessere Verständlichkeit ins Deutsche übersetzt. Unser zentrales Anliegen ist es, die Diskussion rund um das Neuromarketing einen signifikanten Schritt weiterzubringen und anhand vieler Praxisbeispiele aufzuzeigen, welcher Mehrwert für das Marketing aus den neuen Erkenntnissen der Neuropsychologie entsteht, von der Strategie über das Briefing bis hin zur Bewertung von Kontaktpunkten.

Das Buch hat eine Erweiterung im Internet, auf der wir die im Buch zitierten wissenschaftlichen Quellen, viele Fallbeispiele im Detail und weiterführende Hinweise und Tipps für die Praxis aufbereitet haben und weiter ergänzen werden:

www.decode-online.de/codes

Nun viel Spaß beim Lesen!

Die geheime Sprache der Produkte

„Jeder der ehrlich über sein Kaufverhalten ist weiß, dass wir oft nicht einfach ein Ding kaufen, sondern eine Idee, die dieses Ding verkörpert.“

Dan Ariely

Was Sie in diesem Kapitel erwartet: Um die geheime Sprache der Produkte zu verstehen, müssen wir uns anschauen, wie das Gehirn erkennt, was es mit einem Produkt tun kann. Wie entschlüsselt das Gehirn ein Produkt genau? Neue Erkenntnisse darüber, wie das Gehirn hier vorgeht, geben uns einen neuen und sehr hilfreichen Zugang zu der Frage, warum Kunden kaufen und wie wir Produkte erfolgreich vermarkten können.

Wir gehen intuitiv mit Produkten um

Wir machen Marketing, damit Menschen unsere Produkte kaufen und sie häufiger nutzen. Um das zu erreichen, müssen wir verstehen, warum Kunden Produkte kaufen und warum sie sie nutzen, wie sie es tun. Schauen wir uns dazu erst einmal an, wie wir mit Produkten im Alltag umgehen.

Im Schnitt verfügt ein Haushalt heute über 10.000 Produkte. Die überwiegende Zeit machen wir uns keine Gedanken darüber, ob, wann und wie wir all diese Produkte nutzen, was sie uns bedeuten und wie wir mit ihnen umgehen. Wir telefonieren mit dem Handy, fahren mit dem Auto, machen uns morgens einen Kaffee, essen mittags einen Joghurt oder eine Pizza, setzen uns abends vor den Fernseher und essen dabei ein Eis. Produkte sind Teil unseres Lebens. Jeden Tag treten wir unzählige Male mit Produkten in Kontakt, nutzen sie, ohne lange darüber nachzudenken. Wenn die Familie zu

Besuch kommt, dann servieren wir Pulverkaffee und keinen löslichen Kaffee. Einen Wein trinken wir aus einem Weinglas, obwohl wir ihn genauso gut aus jedem anderen Glas trinken könnten. Wir geben unserem Kind zum Trost eher einen Pudding als einen Joghurt, obwohl beide lecker sind. Wir nutzen Produkte intuitiv, wir wissen, wie und wann *man* sie nutzt und wann nicht. Wir wissen das irgendwie und nutzen die Produkte entsprechend.

Schauen wir uns das an einem Beispiel an. Wir haben Personen gebeten, eine typische Kaffeetasse für einen Besuch und eine typische Kaffeetasse für die Arbeit zu zeichnen (siehe Abb. 1).

Abb. 1: Tasse ist nicht gleich Tasse. Die typische Tasse für den Besuch sieht anders aus als die Tasse für das Büro.

Fast alle haben die Tasse für den Besuch mit einer Untertasse gemalt und die Tasse für die Arbeit war fast immer größer und hatte einen großen Henkel. Das überrascht nicht, denn jeder von uns hätte es ähnlich gemacht. Die entscheidende Frage ist: *Warum* eigentlich nimmt man beim Besuch die Untertasse? Das können wir nur schwer erklären, „man" tut es eben so. Und das ist das eigentlich Interessante! Es ist wie bei der Grammatik in der

Muttersprache. Bei der Aussage „Da werden Sie geholfen" erkennen wir intuitiv, dass es falsch ist, aber es fällt den meisten schwer, die dahinterliegenden grammatikalischen Regeln zu benennen. Auch im Umgang mit Produkten scheint es dahinterliegende Regeln zu geben. Wie funktioniert das? Genau darum geht es in diesem Buch: die geheimen Regeln der Produkte zu dekodieren, sie zu verstehen und darüber einen mächtigen Zugang zum Kaufverhalten unserer Kunden zu erlangen. Wenn wir unsere Produkte erfolgreich vermarkten wollen, dann müssen wir diese Regeln besser verstehen und systematisch entschlüsseln.

Wissenschaft untersucht die geheimen Regeln

Eine Vielzahl wissenschaftlicher Experimente hat in den letzten Jahren diese Regeln erforscht, mit faszinierenden Erkenntnissen darüber, warum wir kaufen, was wir kaufen. Schauen wir uns dazu ein Beispiel an. In einer Studie der Universität Toronto sollten sich Teilnehmer Situationen vorstellen und aufschreiben, bei denen sie sozial ausgegrenzt wurden. Zum Beispiel, als sie in der Schule beim Fußball nicht mitspielen durften oder als Einzige nicht zu einer Party eingeladen wurden. Die andere Versuchsgruppe sollte Situationen notieren, bei denen sie mit guten Freunden zusammen war, zum Beispiel im gemeinsamen Urlaub.

Nachdem sich die Teilnehmer diese sozialen Situationen vergegenwärtigt und sie zu Papier gebracht hatten, wurden ihnen unter einem Vorwand verschiedene Produkte angeboten. Zur Auswahl standen Cola, Cracker, Kaffee oder Suppe. Die Teilnehmer konnten nun auswählen, welches Produkt sie konsumieren wollten. Die Forscher waren interessiert daran, ob die beiden unterschiedlichen sozialen Erfahrungen Einfluss auf die Produktwahl haben. Das Ergebnis war eindeutig: die „sozial Ausgegrenzten" griffen viel häufiger zu Suppe oder Kaffee als die „sozial Integrierten" (siehe Abb. 2).

Allein der Gedanke an eine bestimmte Situation hat also die Produktwahl beeinflusst. Wie kommt das? Was ist hier die dahinterliegende Regel, denn Zufall scheint das nicht zu sein. Wir bekommen einen Hinweis darauf, wenn wir uns anschauen, was Suppe und Kaffee gemeinsam haben. Die Gemeinsamkeit der beiden Produkte ist die Temperatur: Sie sind beide warm. Das unterscheidet sie von den anderen Produkten. Es scheint hier also um die Temperatur zu gehen und weniger um Suppe, Kaffee oder Geschmack.

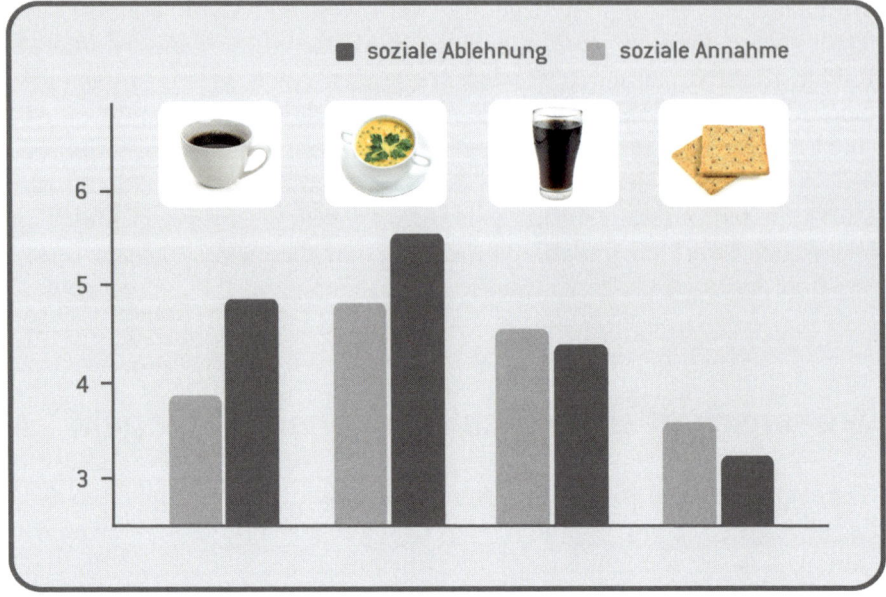

Abb. 2: Ein Experiment von Chen-Bo Zhong und Geoffrey Leonardelli zeigt: Soziale Ablehnung steigert den Wunsch nach etwas Warmem.

Auf den ersten Blick wirkt das merkwürdig, denn welcher Zusammenhang soll denn zwischen der physischen Eigenschaft „Wärme" und sozialer Ausgrenzung bestehen?

In einem anderen Experiment, durchgeführt von Wissenschaftlern der Yale-Universität, wurden Teilnehmer gebeten, ein Gespräch mit einer unbekannten Person zu führen, um danach zu entscheiden, ob sie dieser Person einen Job geben würden. Sie sollten diese fremde Person beurteilen. Vor dem Gespräch bekamen die Teilnehmer auch etwas zu trinken in die Hand – entweder ein heißes oder ein kaltes Getränk (siehe Abb. 3).

 **http://www.decode-online.de/codes/webtipp1.html** – Dieser Film zeigt das Yale-Experiment mit dem warmen bzw. kalten Getränk.

Und auch hier zeigten sich erstaunliche Unterschiede. Diejenigen, die ein warmes Getränk bekommen hatten, beurteilten die fremde Person signifikant positiver. Diejenigen, die ein kaltes Getränk bekamen, beurteilten die

Abb. 3: Mit einem warmen Becher Kaffee in der Hand fällt das Urteil über Personen freundlicher und sympathischer aus.

Person dagegen deutlich negativer. Die Temperatur des Getränks hat also das Urteil über einen Menschen beeinflusst, denn das einzige, was sich änderte, war ja die Temperatur des Bechers. Die Wärme des Getränks beeinflusst also, wie der Kandidat beurteilt wird. Das ist doch sehr überraschend und wurde deshalb in einem der renommiertesten Wissenschaftsjournale veröffentlicht, der Fachzeitschrift *Science*. Das Ergebnis erzeugt verständlicherweise meist ungläubige Entrüstung. Wie kann das sein? Wie kann die Temperatur eines Getränks unsere Entscheidungen derartig beeinflussen?

Produkteigenschaften und Mentales sind im Gehirn eng verbunden

Was diese beiden Experimente exemplarisch zeigen, ist, dass es offenbar einen Zusammenhang zwischen der physischen Produkteigenschaft „Warm/Kalt" und sozialen Urteilen und Erlebnissen gibt. Ein Blick in unseren Alltag zeigt, dass uns dieser Zusammenhang nicht fremd ist. So sprechen wir zum Bespiel von „warmherzigen" Menschen, mit anderen werden wir nicht „warm", weil sie „kühl" sind. Wir nutzen in unserer Sprache die physische

Temperatur im übertragenen Sinne und wir übertragen Wärme oder Kälte vom physikalischen in den mentalen Bereich. Auf der einen Seite haben wir die physische Produkteigenschaft, in diesem Fall die fühl- oder sichtbare Temperatur der Tasse. Auf der anderen Seite haben wir etwas Mentales, zum Beispiel soziale Ausgrenzung oder die Beurteilung eines Menschen als „warm" oder „kalt". Und beide Ebenen sind unmittelbar miteinander verknüpft.

Die beiden Experimente zeigen zudem, dass dieser Zusammenhang in beide Richtungen funktioniert. Beim ersten Experiment wurde mental Ausgrenzung, also soziale Kälte, aktiviert und das führte dazu, dass Produkte mit der Eigenschaft „warm" gewählt wurden, um die soziale Kälte auszugleichen. Beim zweiten Experiment zeigte sich der Zusammenhang genau in die andere Richtung. Hier beginnt das Wechselspiel mit der physischen Wärme des Getränks, die mentale Wärme in Form einer positiven Beurteilung eines Menschen aktiviert. Physisches und Mentales scheinen also in beide Richtungen eng miteinander verbunden zu sein – mehr noch, sie scheinen sich zu entsprechen.

==Physisches und Mentales sind regelhaft miteinander verbunden.==

 http://www.decode-online.de/codes/webtipp2.html – Dieser Film zeigt eine spannende Erläuterung der Forschung zur sozialen und physischen Wärme von dem bekannten Hirnforscher Manfred Spitzer.

Produkteigenschaften und Mentales sind regelhaft verknüpft

Was heißt das nun für Produkte? Produkte aktivieren mit ihren physischen Eigenschaften, ihrer Temperatur, Form, Oberflächenkonsistenz, Größe, Verpackung, ihren Geräuschen usw., automatisch auch eine dahinterliegende, mentale Ebene im Gehirn. Diese Erkenntnis, dass es beim Konsum zwei Ebenen gibt, ist dabei erst mal nicht neu. Der Wert eines Autos zum Beispiel besteht für die meisten von uns aus mehr als nur aus seiner Funktion, uns von A nach B zu bringen, denn sonst würden wir alle Dacia fahren. Auch nicht neu ist die Erkenntnis, dass wir für dieses „mentale Extra" über den reinen Produktnutzen hinaus auch bereit sind, mehr Geld zu bezahlen. Das folgende Beispiel illustriert dies eindrucksvoll (siehe Abb. 4).

Abb. 4: Alte Schubladen machen ein Sideboard zum begehrten Unikat. Gesehen bei www.schubLaden.de.

Es handelt sich hier um ein Sideboard aus Holz mit gebrauchten Schubladen. Der reine Materialwert ist überschaubar. Der explizite Produktnutzen ist auch klar, wir können Dinge verstauen. Das eigentlich Interessante daran ist der Preis von mehreren Tausend Euro. Offensichtlich kaufen die Kunden hier mehr als nur den reinen Materialwert oder Produktnutzen. Sie kaufen darüber hinaus das dahinterliegende mentale Konzept.

Dass es diese mentale Ebene gibt, ist im Marketing unumstritten, denken wir nur an den Mehrwert, den Marken zu einem Produkt addieren. Klar ist auch seit einiger Zeit, dass diese hinter dem expliziten Produktnutzen liegende Ebene zwar bewusst sein kann, meist aber implizit bleibt. Deshalb nennen Kunden selten die Marke als Kaufgrund. Neu ist aber die Erkenntnis, dass es eine *direkte und regelhafte Verbindung* zwischen den physischen Eigenschaften eines Produktes und der dahinterliegenden mentalen Ebene gibt. Wie konkrete Produkteigenschaften mentale Konzepte aktivieren und wie die implizite Verknüpfung von physischen Eigenschaften und mentalen Konzepten funktioniert, das ist erst in den letzten Jahren von der Wissenschaft entschlüsselt worden. Fast täglich erscheinen Studien, die dieses Prinzip an unterschiedlichsten Bereichen und Themen belegen. Der Wissenschaftler Chen-Bo Zhong von der Universität Toronto, der sich auf dieses Gebiet spezialisiert hat, fasst seine Forschungen so zusammen:

„Das überraschendste Ergebnis ist die reziproke Beziehung zwischen physischen und psychologischen Erfahrungen, die normalerweise als unabhängig voneinander betrachtet werden. Nicht nur dass unsere konkreten Erfahrungen mit der physikalischen Welt (z. B. Kälte) einen direkten Einfluss auf die Konzeption höherer, abstrakter Konzepte wie Moral oder soziale Beziehungen haben, sondern dass darüber hinaus diese abstrakten Konzepte die Art und Weise verändern, wie wir die konkrete, physikalische Welt erleben."

Diese Erkenntnisse erhalten in der Wissenschaft aktuell sehr große Beachtung. So hat zum Beispiel die Amerikanische Association for Psychological Science kürzlich den Titel ihrer Fachpublikation *Observer* diesen Erkenntnissen gewidmet. Schauen wir uns die Koppelung der beiden Ebenen deshalb noch etwas genauer an.

Das Prinzip, dass im Gehirn physische und mentale Vorgänge regelhaft verknüpft sind, finden wir nicht nur bei Wärme und Kälte. So sprechen wir zum Beispiel vom „Softie" oder von einem „harten Brocken", weil es im Gehirn eine direkte Koppelung zwischen dem Tastsinn und mentalen Konzepten gibt. In einer aktuellen, ebenfalls im Fachjournal *Science* veröffentlichten Studie beeinflusste etwa die Oberflächenstruktur von Objekten die nachfolgenden Entscheidungen. So beurteilten Probanden die Tonalität und die Interaktion in einer Gesprächsszene negativer, wenn sie zuvor ein Holzpuzzle mit einer Schmirgelpapieroberfläche legen mussten. Probanden, die glatte Puzzleteile bekommen hatten, empfanden die Situation dagegen als deutlich entspannter, offener und freundlicher.

Auch die Härte eines Untergrunds wirkte nach: Nach tastender Begutachtung eines Holzklotzes bewerteten die Probanden das Verhalten eines Angestellten in einer Gesprächsszene mit seinem Chef als eher steif und strikt im Vergleich zu den Teilnehmern, die zuvor ein Handtuch bekommen hatten. Und wer gut zu eigenen Gunsten verhandeln will, sollte den Partnern einen weichen Sessel anbieten: Das steigerte in einem letzten Experiment das Entgegenkommen des Gegenübers. Harte Stühle hingegen sorgten für harte Positionen. Das Prinzip ist dabei immer wieder dasselbe: Ein physikalisches Signal, zum Beispiel „Temperatur" oder „Oberflächenstruktur", aktiviert im Gehirn ein entsprechendes, mentales Konzept.

Dieser Vorgang läuft völlig implizit ab und ist uns meist gar nicht bewusst. Wissenschaftler nutzen heute anstelle des meist negativ besetzten Begriffs „Unbewusst" lieber den neutraleren Begriff des Impliziten. Nicht zuletzt, weil das Implizite nicht nur emotional ist, nicht nur aus verdrängten Trieben besteht, sondern auch die eben beschriebene Übersetzung von physischen Eigenschaften in mentale Konzepte beinhaltet. Wenn wir also im Folgenden von impliziten Vorgängen reden, sind diese indirekten, subtil wirkenden Prozesse gemeint. Diese wirken wie ein Autopilot, der seine Arbeit im Verborgenen verrichtet, ohne dass wir viel davon mitkriegen. In unseren Büchern *Was Marken erfolgreich macht* und *Wie Werbung wirkt* haben wir dieses implizite System im Gehirn, den Autopiloten im Kopf, und seine Bedeutung für das Marketing detailliert beschrieben. Nun geht es darum besser zu verstehen, wie genau der Autopilot die impliziten Codes unserer Produkte entschlüsselt, wie daraus Kaufverhalten entsteht und wie wir das in der Marketingpraxis konkret nutzen können.

> Die physischen Eigenschaften eines Produktes, also alles, was der Kunde über seine Sinne wahrnehmen kann, aktivieren beim Kunden mentale Konzepte.

Was bedeutet das für das Marketing? Unsere Produkte aktivieren im impliziten System im Gehirn, im Autopiloten im Kopf, durch die konkreten, physischen und damit wahrnehmbaren Eigenschaften mentale Konzepte und das hat offensichtlich Auswirkungen auf die Beurteilungen der Produkte und die Kaufentscheidung. Diese mentalen Konzepte können ins Bewusstsein gelangen, in der Regel aber bleiben sie völlig implizit. Und diese unmittelbare Koppelung scheint regelgeleitet und systematisch zu erfolgen. Dieses Zusammenspiel von Produkteigenschaft und implizit aktivierten mentalen Konzepten ist der Fokus dieses Buches. Wir werden sehen, wie zentral diese Erkenntnisse für das Verständnis von Kaufverhalten sind, welches Potenzial darin für das Marketing schlummert und vor allem, wie hilfreich sie im Marketingalltag sind.

Wie Produkte im Gehirn mentale Konzepte aktivieren

Wie aber funktioniert das im Gehirn genau? Wie funktioniert dort diese Übersetzung von physischen Eigenschaften in mentale Konzepte? Neurowissenschaftler der Kyoto Universität sind diesem Phänomen nachgegangen. Dabei untersuchten sie nicht die Wirkung der Temperatur, sondern den Einfluss von physischer Distanz. Wir alle kennen auch hier entsprechende Redewendungen, zum Beispiel, wenn wir sagen, jemand ist ein „enger Freund" oder „wir haben uns voneinander entfernt". Dies gibt uns schon einen Hinweis auf die Koppelung von physischer und mentaler Distanz. Um dieser Koppelung nun auf den Grund zu gehen, sollten die Probanden im Experiment zwei Aufgaben lösen, während sie im Hirnscanner lagen: In der ersten Aufgabe ging es darum, die physikalische Distanz von zwei Objekten zu schätzen, ob sie weit oder nah voneinander entfernt sind. In der zweiten Aufgabe ging es um soziale Distanz: Die Probanden sollten sagen, wie nahe sie sich Menschen fühlen, die ihnen über Fotos angezeigt wurden.

Dabei zeigte sich, dass physikalische Distanz und soziale Distanz in demselben Hirnareal reguliert werden. Warum ist das so? Es ist effizient, denn so kann das Gehirn auf dasselbe Netzwerk zurückgreifen, egal, ob es sich um physische oder soziale bzw. mentale Distanz handelt. Wäre das nicht so, müsste unser Gehirn alles doppelt verarbeiten. Die beiden Ebenen hängen im Gehirn vor allem aus Effizienzgründen sehr eng zusammen, und es gibt nicht nur keine Spaltung zwischen den beiden Ebenen, vielmehr werden sie mit denselben neuronalen Netzwerken reguliert.

Die implizite Koppelung von physischen Eigenschaften und mentalen Konzepten ist ein allgemeines Organisationsprinzip im Gehirn.

Deshalb überrascht es nicht, dass wir die enge Verzahnung von physischen Eigenschaften und mentalen Konzepten nicht nur bei Wärme und Distanz finden. Es handelt sich hier um ein allgemeines Organisationsprinzip im menschlichen Gehirn. So gibt es zum Beispiel eine Koppelung zwischen physischer Sauberkeit und moralischer Sauberkeit. Lässt man Probanden die Unwahrheit erzählen, sie sollen also lügen, waschen sie sich anschließend die Hände häufiger und länger als eine Gruppe von Personen, die die Wahrheit gesagt hat. Das Faszinierende dabei ist nicht nur der unmittelbare Zusammenhang der beiden Ebenen, sondern dass dieses Wechselspiel auch unser Verhalten bestimmt.

Was hinter einem Weinglas steckt

Schauen wir uns das Wechselspiel zwischen den beiden Ebenen nun im Detail an einem Alltagsgegenstand an: einem Weinglas. Stellen wir uns folgende Situation vor: Wir haben einen Freund zu einem Glas guten Rotwein eingeladen, gehen zum Schrank und benötigen jetzt ein Glas. Welches würden wir nehmen (siehe Abb. 5)?

Abb. 5: Zwei Gläser, ein Wein. Und doch würden wir einen Rotwein normalerweise nicht aus dem linken Glas trinken.

Die Antwort ist klar: Wir nehmen intuitiv das Glas mit dem Stiel. Niemand würde das andere Glas wählen, wenn wir einen guten Wein trinken wollen. Aber warum eigentlich nicht? Das Glas hat durchaus auch Auswirkungen auf den Geschmack, aber warum trinkt man in ausgewiesenen Weinländern wie Italien oder Frankreich dann zu Hause am Mittagstisch oft aus einfachen Trinkgläsern und im Restaurant aber dann wieder aus einem Glas mit Stiel?

Beginnen wir mit den physischen Eigenschaften des Weinglases, denn wir haben ja gesehen, wie physische Eigenschaften automatisch mentale Konzepte aktivieren können. Das Glas steht auf einem flachen, runden Sockel auf dem Tisch. Aus der Mitte führt ein dünner Stiel nach oben. Auf diesem Stiel ist ein ovales Gefäß befestigt, in das der Wein gefüllt wird. Im Vergleich zum einfachen Glas ist der Wein weiter entfernt vom Boden, er ist erhöht. Beim Alltagsglas gibt es keine Trennung zwischen dem Glasboden und dem Gefäß, das Gefäß steht direkt auf dem Boden. Wenn wir diese Beschreibung nun in eine Beschreibung im übertragenen Sinne umwandeln, dann erschließt sich der Grund, warum wir den Wein aus hohen Gläsern trinken und warum es in manchen anderen Ländern anders ist (siehe Abb. 6).

Physisch	⇄	Mental (Implizit)
Dünner Stiel	⇄	Stilvoll, fein
Wein erhöht	⇄	Erhöhter, besonderer Genuss
Am Boden	⇄	bodenständig
Dickes Glas, robust	⇄	Alltag

Abb. 6: Der hohe Stiel eines klassischen Weinglases verspricht im wahrsten Sinne des Wortes erhöhten und besonderen Genuss.

Das Weinglas kodiert durch seine Form, durch die physische Erhöhung durch den Stiel, implizit einen erhöhten und damit besonderen Genuss. Wenn man aber jeden Tag Wein zum Mittagessen trinkt, dann passt ein am Boden stehendes, ein „bodenständiges", Glas. Natürlich auch weil es robuster und weniger fein ist. Diese Art der Differenzierung ist spezifisch menschlich, dem Affen würde der Wein vermutlich aus beiden Gläsern gleich schmecken.

Und genau das ist der entscheidende Schritt im menschlichen Gehirn: Wir nutzen die physischen, anfassbaren und wahrnehmbaren Eigenschaften von Produkten auch *im übertragenen Sinne.* Das tun wir automatisch und so intuitiv, dass uns die dahinterliegende Komplexität dieses Vorgangs gar nicht bewusst ist. Wir nutzen beim guten Wein das Weinglas mit dem Stiel, weil das „stilvoll" ist, während das „bodenständige" Alltagsglas hier nicht passt. Das tägliche Glas Wein am häuslichen Mittagstisch ist jedoch in Frankreich oder Italien nichts Besonderes, deshalb wird hier das bodenständige Glas verwendet. Unser Autopilot verarbeitet also die konkrete,

26

physische Ebene und immer automatisch auch die daran gekoppelte übergeordnete, mentale Ebene.

Warum Affen keine Produkte kaufen

Wenn es um die Erklärung von Kaufverhalten geht, werden derzeit Menschen gerne mit dem Affen verglichen, weil wir ja 98 Prozent unserer Gene mit dem Affen teilen. Aber die verbleibenden zwei Prozent scheinen einen gravierenden Unterschied zu machen. Die folgende Grafik zeigt, wo dieser Unterschied liegt (siehe Abb. 7).

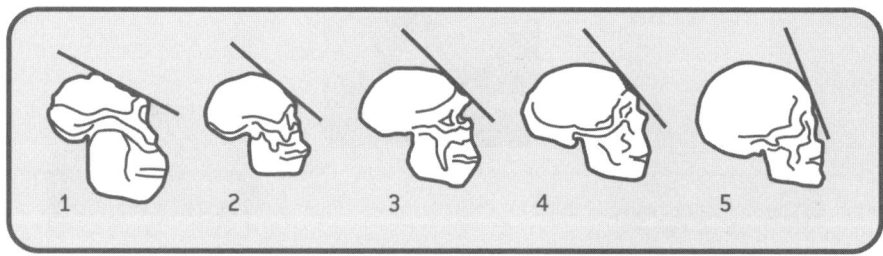

Abb. 7: Ein Blick in die Evolution zeigt, was uns zum Menschen macht: das Stirnhirn.

Der Unterschied zwischen Mensch und Affe liegt nicht im Emotionszentrum sondern im Stirnhirn. Diese Hirnregion liegt, wie der Name sagt, direkt hinter der Stirn und ist beim Menschen um vierzig Prozent (!) größer als beim Affen. Wenn wir Konsum verstehen wollen, müssen wir also genau verstehen, wie das menschliche Stirnhirn funktioniert, denn dank dieser Hirnregion sind wir in der Lage, eine Produkteigenschaft wie Wärme in etwas Mentales wie soziale Wärme zu übersetzen. Wissenschaftler nennen diesen impliziten Vorgang *Rekodierung*. Unserem Gehirn ist es möglich, physische Eigenschaften wie die Form eines Weinglases, die Temperatur eines Bechers oder die Haptik eines Handtuchs, in mentale Konzepte zu übersetzen. Meist realisieren wir diesen Vorgang nicht. Trotzdem entfalten diese mentalen Konzepte eine massive Wirkung. Die Fähigkeit zur Rekodierung ist spezifisch menschlich und erklärt, was Konsum eigentlich für uns Menschen ist. Wir regulieren mit Produkten und ihren physikalischen Eigenschaften mentale Prozesse. Wir kochen einen Pudding, um unser Kind zu trösten oder kaufen eine Schokolade, um uns zu verwöhnen.

27

Nur dank dem Stirnhirn können wir intuitiv das richtige Weinglas wählen oder lernen, dass man mit einem Pudding sein Kind trösten kann. Affen sind intelligent, können kommunizieren, Symbole lernen, systematisch Probleme lösen, sie können lernen, sind sozial und haben Emotionen. Emotionen alleine können also nicht der Schlüssel zum Verständnis von Konsum sein. Der wahre Zugang zum Konsum liegt vielmehr in der Fähigkeit des Menschen, physische Produkteigenschaften in mentale Konzepte zu übersetzen. Für einen Affen ist eine Banane in erster Linie ein Nahrungsmittel, für uns Menschen kann eine Banane dank der Fähigkeit zur Rekodierung vieles sein: Nahrung, Phallus-Symbol und wir bewerfen zuweilen sogar Torhüter damit (siehe Abb. 8).

Abb. 8: Dieser Spot der Agentur Rainey Kelly Campbell Roalfe/Y&R illustriert die Bedeutungen, die eine Banane für uns Menschen besitzt.

 **http://www.decode-online.de/codes/webtipp3.html** – Der Spot zeigt, was Menschen mit Bananen an Mentalem verbinden.

Und genau diese Fähigkeit ist spezifisch menschlich und der Schlüssel zum Verständnis, warum Kunden kaufen, was sie kaufen. Affen prügeln sich, um festzustellen, wer der Stärkere ist, wir regulieren das über große Uhren, dicke Autos oder teure Schuhe. Der eingangs zitierte Verhaltensökonom Dan Ariely nennt diese spezifisch menschliche Fähigkeit „Conceptual Consumption": Wir konsumieren Produkte, ihre Eigenschaften und gleichzeitig auch immer die damit verbundenen, mentalen Konzepte.

==Die Fähigkeit zur Rekodierung ist spezifisch menschlich und übersetzt automatisch physische Produkteigenschaften in mentale Konzepte. Deshalb konsumieren Menschen über die Produkte implizit immer auch mentale Konzepte.==

Schauen wir vor diesem Hintergrund auf die Orangensaftmarke Tropicana. Diese hat kürzlich große Aufmerksamkeit in der Marketingpresse erlangt, weil eine neu in den Markt eingeführte Verpackung in nur zwei Monaten zu einem Verlust von 30 Millionen Euro und einer Wiedereinführung der alten Verpackung führte – trotz einer millionenschweren Werbekampagne rund um die neue Verpackung (siehe Abb. 9).

Abb. 9: Trotz intensiver Marktforschung und hoher Werbekosten zur Einführung scheiterte die neu entwickelte Verpackung von Tropicana.

Wie kann das sein? Wie kann die Veränderung von einem Schriftzug und einem Bild solch eine Verhaltensänderung bei den Kunden auslösen? Der

Orangensaft schmeckt doch noch immer gleich gut und es ist auch noch immer die gleiche Marke. Die neue Verpackung ist sicher moderner und auf dem Frühstückstisch auch dekorativer. Was ist passiert? Es ist zwar immer noch Orangensaft von Tropicana, aber die physischen Eigenschaften der Verpackung haben sich geändert: Das Symbol der Orange mit dem Strohhalm ist einem Glas gewichen, die Schriftart hat sich geändert, ebenso wie die Platzierung der Elemente. Diese Veränderungen sind mehr als nur eine ästhetische Erneuerung. Es wurde dadurch implizit ein anderes mentales Konzept aktiviert und das führte zu einem anderen Kaufverhalten. Die physischen Eigenschaften von Produkten, seien es die Elemente auf einer Verpackung, die Wärme einer Suppe, die weiche oder harte Oberflächenstruktur oder die Form eines Weinglases, scheinen den Unterschied zu machen.

Codes: Das Newton-Pendel im Kopf

Dass wir beim Autokauf mehr als nur das physische Produkt, sondern zum Beispiel auch Status einkaufen, ist nicht neu. Das eigentlich Interessante ist, welche physischen Eigenschaften implizit für die Aktivierung der mit Produkten assoziierten mentalen Konzepte verantwortlich sind. Warum etwa ist ein VW Beetle weniger gut geeignet für das mentale Konzept „Status"? Warum spenden wir mit Pudding Trost, aber nicht mit Joghurt? Warum servieren wir beim Familienfest keinen löslichen Kaffee? Der ist doch auch warm? Der Schlüssel zum Verhalten der Kunden liegt in der Verknüpfung zwischen den physischen Eigenschaften eines Produktes und den damit verbundenen mentalen Konzepten. Wir können uns den Vorgang vorstellen wie das in der Grafik gezeigte Newton-Pendel: Die physische Eigenschaft aktiviert unmittelbar und implizit das mentale Konzept und umgekehrt (siehe Abb. 10 und 11).

Dieser Vorgang geschieht unmittelbar, ohne Nachdenken, schnell und intuitiv. Sobald eine Produkteigenschaft vom Autopiloten registriert wird, wird sie rekodiert und automatisch ein mentales Konzept aktiviert und umgekehrt. Genau wie bei Codes im Militär gibt es hier Regeln der Rekodierung: aus Wärme wird soziale Wärme, aus physikalischer Distanz wird mentale Distanz, aus Händewaschen wird moralische Sauberkeit. Physische Distanz ist also ein Code für mentale Distanz, eine weiche Oberfläche eines Produktes ist ein Code für Weichheit im übertragenen, mentalen Sinne.

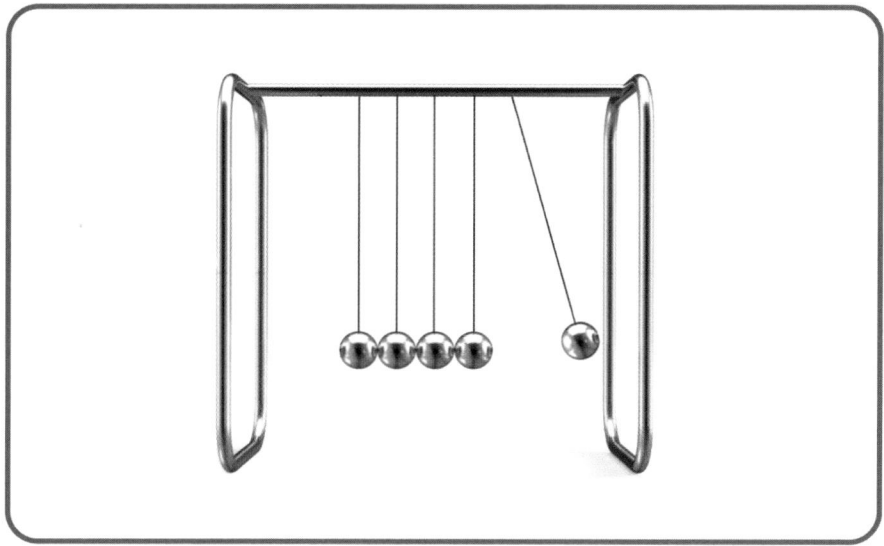

Abb. 10: Das Newton-Pendel (auch Kugelstoßpendel). Die Idee dazu geht auf den französischen Physiker Edme Mariotte zurück.

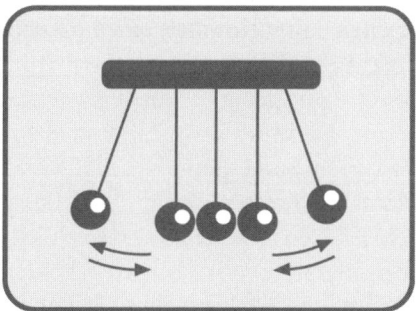

Abb. 11: Das Newton-Pendel veranschaulicht die Rekodierung, die bei uns im Kopf abläuft. Physische Eigenschaften aktivieren mentale Konzepte und umgekehrt.

Wenn wir auf harten Stühlen sitzen, verhandeln wir deshalb härter als auf weichen Stühlen. Das nehmen wir zwar nicht bewusst war, es wirkt aber trotzdem. Das Ganze funktioniert wie bei allen Codes immer auch in die umgekehrte Richtung: Wenn wir soziale Kälte kompensieren wollen, hilft nur ein physisch warmes Produkt wie eben eine Suppe oder ein Kaffee; der Cracker bringt uns hier nicht weiter (siehe Abb. 12).

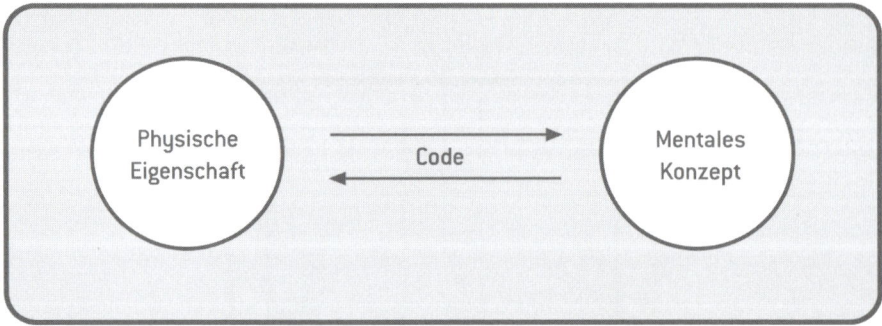

Abb. 12: Ein Code ist die Verbindung zwischen physischer Eigenschaft und einem dahinterliegenden mentalen Konzept.

Wenn wir das Wechselspiel von Produkteigenschaften und mentalen Konzepten verstehen – wenn wir die Codes der Produkte entschlüsseln –, eröffnet uns dieses Wissen einen systematischen Zugang zum Kunden und seinem Verhalten.

==Der Schlüssel zum Verhalten der Kunden liegt in der impliziten Verknüpfung der physischen Eigenschaften eines Produktes und den damit verbundenen mentalen Konzepten.==

Von der Eigenschaft über das Konzept zum Verhalten

Auf dem Weg, die Regeln zu entschlüsseln, mit denen Kunden ihre Kaufentscheidungen treffen, haben wir jetzt die erste Etappe genommen.

Aber das reicht noch nicht, um das Kaufverhalten zu erklären, denn wenn wir vor dem Regal stehen und die Produkte durch ihre Eigenschaften – sei das ihre Form, die Farben, Wörter, Temperatur oder die Größe der Verpackung – mentale Konzepte aktivieren, heißt es ja noch lange nicht, dass wir das Produkt deshalb auch kaufen. Schauen wir uns deshalb an Beispielen an, wie das Wechselspiel aus Produkteigenschaft und mentalem Konzept zu einem bestimmten Verhalten führt. Stellen wir uns vor, wir bringen einen Brief zum Briefkasten und finden dort einen Umschlag mit Geld, der aus dem Briefkasten herausschaut. Kein Adressat, kein Name, nur ein Umschlag mit Geld. Nehmen wir ihn? Und ist es egal, ob der Briefkasten sauber oder voll Graffiti, die Umgebung rund um den Briefkasten ordentlich oder voll Müll ist? Genau dieser Frage sind Wissenschaftler der Universität Groningen nachgegangen. In einem Experiment wurde ein 5-Euro-Schein in einen Briefkasten gesteckt. Anschließend wurde beobachtet, wie viele Passanten den Geldschein einsteckten (siehe Abb. 13).

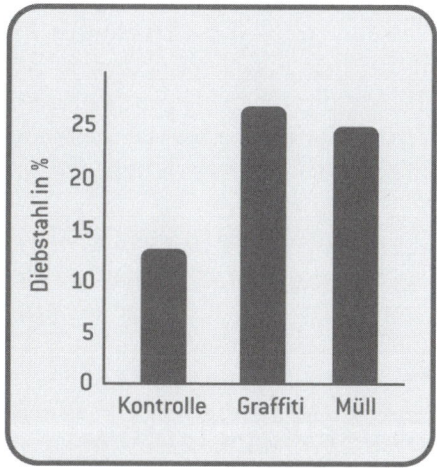

Abb. 13: Ein schmutziger Briefkasten verleitet eher zum Stehlen des Geldumschlags, zeigt ein Experiment von Keizer, Lindenberg und Steg.

Dabei wurde die Versuchsanordnung variiert. In dem einen Fall war der Briefkasten sauber, im anderen Fall mit Grafitti besprüht. Das Ergebnis war erstaunlich: Ist der Briefkasten mit Graffiti besprüht, schnellt die Anzahl derjenigen, die das Geld einstecken, nach oben. Dasselbe passiert, wenn statt Graffiti Müll rund um den Briefkasten verstreut liegt. Wenn die Umgebung hingegen sauber ist, dann verhalten wir uns auch sauber – die Signale für physische Sauberkeit führen zu moralisch „sauberem" Verhalten. Die Signale für Unordnung, Graffiti oder Müll, führen dagegen zu erhöhter Normverletzung.

Diesen Zusammenhang kennen wir auch von Redewendungen wie „Bleib sauber". Die physische Sauberkeit hat das Pendel in Schwung gebracht, dadurch das mentale Konzept „Moral" aktiviert und das führte zu einem mit diesem Konzept kongruenten Verhalten. Die Erkenntnisse derartiger

Experimente haben über das Marketing hinaus gesellschaftliche Auswirkungen. In New York zum Beispiel ist die Rate der Gewaltakte signifikant reduziert worden, indem die Viertel aufgeräumt und sauber gehalten wurden. Die Gewaltbereiten in den Vierteln haben sicher nicht gemeinsam diskutiert, ob sie nun, da es so sauber ist, weniger Straftaten begehen sollen. Stattdessen haben sie intuitiv die Umgebung (kein Graffiti, keine kaputten Fensterscheiben usw.) wahrgenommen und sich entsprechend anders verhalten. Man spricht hier auch vom „Broken Window"-Effekt. Kein Wunder, dass die Politik diese Erkenntnisse für sich entdeckt hat. So berät einer der führenden Forscher in diesem Bereich, der Verhaltensökonom Richard Thaler, die Obama-Administration. Dabei geht es beispielsweise um die Frage, ob Kinder über die richtigen Signale dazu gebracht werden können, in Kantinen gesündere Nahrung zu konsumieren.

==Produkte aktivieren mentale Konzepte und diese haben direkte Konsequenzen auf unser Verhalten. Meistens wird uns dieser Vorgang nicht bewusst und die mentalen Konzepte bleiben implizit.==

Marketing-Placebos: Konzepte beeinflussen die Produktleistung

Das implizite Zusammenspiel von Produkteigenschaft und mentalen Konzepten und seine Bedeutung für das Verhalten von Kunden zeigt auch eindrücklich die Forschung zu den so genannten Marketing-Placebos. Wir alle kennen den Placebo-Effekt aus der Medizin: Man verabreicht Patienten eine Tablette und schon fühlen sie sich besser – auch wenn die Pille selbst keine medizinisch relevante Substanz enthält. Auch dieser Vorgang verläuft völlig implizit. Früher belächelt, wird dieser Effekt heute intensiv untersucht und erweist sich als einer der mächtigsten Wirkungsmechanismen in der Medizin. Placebos wirken im Gehirn und lösen messbare biochemische Prozesse aus. So erhöhen rote Pillen die Konzentration viel stärker als blaue, auch wenn beide keinen objektiven Wirkstoff enthalten und reine Placebos sind.

Glauben Krebspatienten, eine Chemotherapie zu erhalten, zeigen sie sogar die zu erwartenden Nebenwirkungen: Bis zu 30 Prozent der Placebo-Patienten fallen die Haare aus und ihnen ist übel, auch wenn die Therapie völlig wirkungslos war.

http://www.decode-online.de/codes/webtipp4.html – Bericht der BBC über Placebo-Forschung.

Diese Wirkungsmechanismen basieren auf Prinzipien, die auch im Marketing relevant sind. Und genau das untersucht die Marketing-Placebo-Forschung. So erhöhten sich Puls und Blutdruck bei Probanden, denen man koffeinfreien Kaffee verabreichte, wenn sie glaubten, richtigen Kaffee zu trinken. In einer anderen Studie zeigte sich, dass Rabatte die physiologische Wirkung eines Energydrinks signifikant reduzieren. Auch umgekehrte Effekte kann man belegen, z. B. dass ein hoher Preis die Wirkung oder den Geschmack eines Produktes erhöht.

Wir wissen alle, dass ein hoher Preis auch immer mit einer höheren Qualität verbunden wird – auch wenn es objektiv nicht immer so sein mag – und genau diese Verbindung wurde hier aktiviert. Der hohe bzw. rabattierte Preis stößt das Pendel an und wirkt auf Blutdruck, Puls und Hirnaktivität. Sichtbar ist das im Marketingalltag bei den so genannten Blindtests. Dort wird die Zufriedenheit mit einem Produkt getestet, und zwar einmal mit und einmal ohne Markenangaben. Und obwohl sich außer diesem Markensignal nichts verändert hat, berichten die Konsumenten über unterschiedliche Zufriedenheiten und Leistungen – ja sogar Geruch und Geschmack verändern sich aufgrund der durch die Marke implizit aktivierten mentalen Konzepte. Bei Menschen mit Verletzungen im Stirnhirn zeigen sich diese Marken-Effekte dagegen nicht. Ob die Marke eingeblendet wird oder nicht, macht bei ihnen keinen Unterschied. Das zeigt nochmals sehr schön, wie zentral das Stirnhirn für das Marketing ist: Genau hier entfalten Marken ihre Wirkung.

Placebo in der Medizin

Der Placebo-Effekt wurde viele Jahre als Messfehler oder Zufall angesehen. Ein Medikament musste besser sein als der Placebo-Effekt. Diese Ansicht ändert sich gerade und der Placebo-Effekt wird als Wirkungsprinzip genutzt. Laut einer englischen Studie verteilen über zwei Drittel der Ärzte nach eigenen Angaben regelmäßig Placebo-Pillen. Inzwischen werden auch die neuronalen Grundlagen von Placebo-Effekten untersucht. Was sich hier letztlich zeigt, ist, wie stark bei uns Menschen Mentales, zum Beispiel Erwartungen, auf körperliche Reaktionen zurückwirkt. Dieselbe Substanz wirkt doppelt so stark, wenn sie über

Spritzen statt über Tabletten verabreicht wird. Nicht aus medizinischen Gründen, sondern aufgrund der mit Spritzen assoziierten Erwartungen. Auch die Farbe von Pillen verändert die physiologische Wirkung. So erhöhen rote, aber sonst wirkungslose Pillen den Blutdruck, blaue senken ihn. Zwei wirkungslose rote Pillen wirken stärker als eine, aufgrund des mentalen Konzepts „Viel hilft viel". Aus dem Bereich der Krebsforschung weiß man zudem, dass nicht nur Wirkungen, sondern auch Nebenwirkungen durch Placebos ausgelöst werden. So wurden in einer klinischen Studie Patienten unterteilt in eine Placebo-Gruppe und eine Gruppe, die das eigentliche Medikament bekam. Weder die Ärzte noch die Patienten wussten dabei, wer Placebo-Gruppe ist (so genannte Doppelblindstudie). Es zeigten sich bei etwa 30 Prozent der Placebo-Patienten die typischen, d.h. erwarteten Nebenwirkungen einer Chemotherapie, von Übelkeit über Erbrechen bis hin zu Haarausfall. Obwohl sie nur Salzlösung injiziert bekamen.

Die wesentlichen Punkte dieses Kapitels auf einen Blick:
- Die implizite Koppelung von physischen Eigenschaften und mentalen Konzepten ist ein allgemeines Organisationsprinzip im Gehirn.
- Die Fähigkeit zur Rekodierung ist spezifisch menschlich und übersetzt automatisch physische Produkteigenschaften in mentale Konzepte. Deshalb konsumieren Menschen über Produkte implizit immer auch mentale Konzepte.
- Der Schlüssel zum Verhalten der Kunden liegt in dem Verständnis der physischen Eigenschaften eines Produktes und den damit verbundenen mentalen Konzepten.

Tipp: Alle wissenschaftlichen Grundlagen und die zitierten Studien finden Sie auf unserer Buchwebseite www.decode-online.de/codes.

Sensory Codes:
Wie das Produkt in den Kopf kommt

„Gutes Design kann das Produkt zum Sprechen bringen.
Im besten Fall erklärt es sich dann von selbst.“
Dieter Rams

Was Sie in diesem Kapitel erwartet: Es wird gerne beklagt, dass Produkte nicht mehr differenzieren. Betrachtet man aber, wie das Gehirn über seine Sinne unsere Produkte entschlüsselt, ergibt sich ein ganz anderes Bild. In diesem Kapitel erfahren Sie, wie die Entschlüsselung über die Sinne genau funktioniert, welche mentalen Konzepte dabei aktiviert werden und wie man das für eine glaubwürdige und relevante Differenzierung seiner Produkte nutzen kann.

Das Produkt ist mehr als seine Funktion

Eine der größten Herausforderungen im Marketing heute ist, dass die Produkte scheinbar nicht mehr differenzieren. So schneiden die meisten Produkte bei der Stiftung Warentest mit der Note „Gut“ ab. Zwar werden die Produkte immer besser und es fließt viel Geld in Forschung und Entwicklung, aber die Fortschritte sind nur selten für den Konsumenten wahrnehmbar und kommunizierbar. Zu sagen, dass es neu und besser ist, reicht nicht aus, denn das hören die Konsumenten täglich hunderte Male. Dazu kommt, dass die Zufriedenheit mit den Produkten in vielen Kategorien sehr hoch ist. Das verwundert nicht. Jedes Waschmittel, das es geschafft hat, heute noch auf dem Markt zu sein, wäscht sauber, jedes Taschentuch ist sanft und reißfest und jedes Shampoo pflegt und wäscht die Haare sauber.

Wir werden jedoch in diesem Kapitel sehen: Betrachten wir die Produkte aus der Perspektive unseres Autopiloten, schlummert in jedem Produkt ein großes Potenzial für Differenzierung. Um dieses Potenzial zu bergen, müssen wir besser verstehen, wie der Autopilot Produkte überhaupt verarbeitet, bevor es zu einer Entscheidung kommt. Wie kommt das Pendel überhaupt zum Schwingen? Wie signalisieren Produkte dem Autopiloten, welches implizite Konzept wir über den Produktnutzen hinaus erreichen können?

Ein Produkt besteht aus einer Vielzahl von physischen Eigenschaften und bietet damit eine Vielzahl von Möglichkeiten zur Differenzierung.

Das Auge ist keine Kamera

Die Wahrnehmung von Signalen ist Aufgabe des impliziten Systems im Gehirn, des Autopiloten im Kopf. Die erste Frage, die sich der Autopilot stellt, lautet: „Was ist es?" Egal ob Tasse, Orangensaft oder Weinglas: Wir müssen den Gegenstand erst einmal erkennen. Dieser Vorgang läuft völlig implizit ab, wir kriegen gar nicht mit, wie unser Autopilot die Umwelt wahrnimmt. Schauen wir uns exemplarisch am Auge genauer an, wie Produkte eigentlich in den Kopf gelangen und welches Potenzial sich daraus für die Differenzierung ergibt. Das Auge funktioniert ganz anders als eine Kamera, auch wenn wir alle subjektiv das Gefühl haben, dass es so sein müsste. Unser Gehirn bekommt vom Auge kein Foto von Produkten als Input. Die Grafik zeigt, was wir tatsächlich sehen: Das Auge sieht keine Bilder, sondern wir sehen erst einmal nur, was die Rezeptoren im Auge dem Autopiloten als Input zur Verfügung stellen (siehe Abb. 14).

Für das Gehirn besteht ein Produkt zunächst nur aus Linien, Kanten, Ecken, Rundungen, Farben oder Bewegungen. Das Gehirn zerlegt das Produkt in seine Einzelteile, die dann schrittweise zu einem Ganzen zusammengesetzt werden. Anders formuliert: Die explizite und bewusste Wahrnehmung der Produkte ist eine Konstruktion in unserem Kopf! Bewusst sehen wir ein Auto, aber für unser Gehirn besteht das Auto erst einmal nur aus Linien, Kanten, Ecken, Rundungen und Farben. Sonst nichts.

Da unser Gehirn keine Bilder sieht, speichert es natürlich auch keine Bilder ab. Es gibt keine Bilddatenbank im Kopf. Das macht unser Gehirn viel

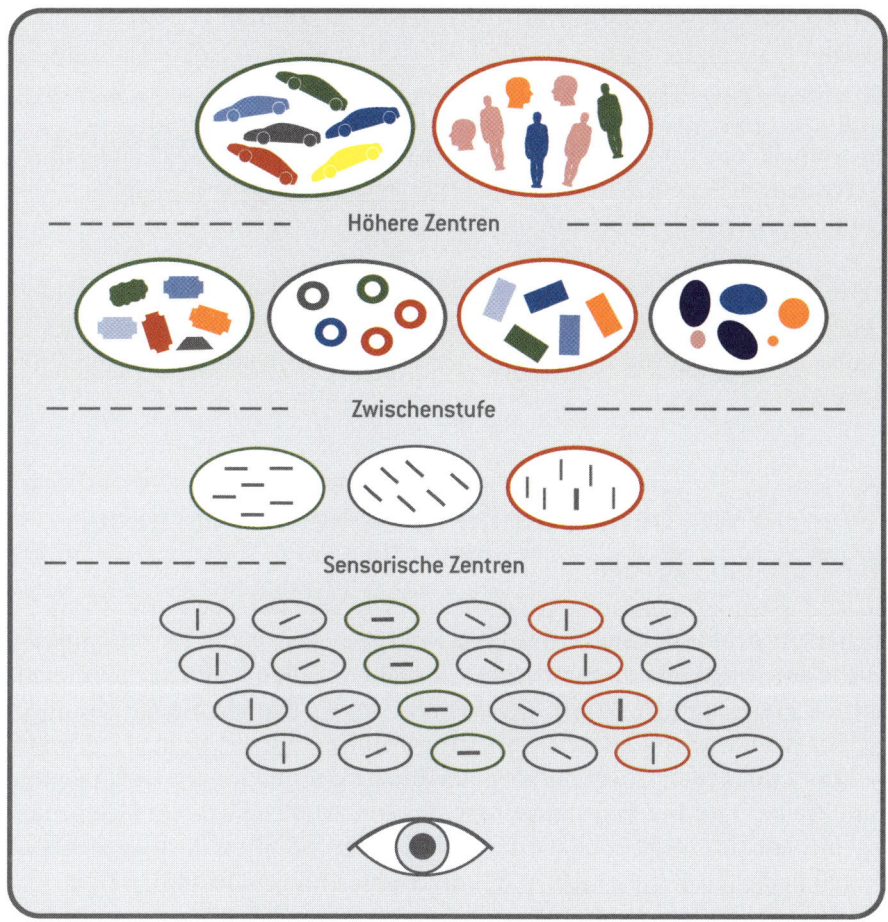

Höhere Zentren

Zwischenstufe

Sensorische Zentren

Abb. 14: Die Wahrnehmung durch das Auge ist ein hochkomplexer Vorgang, der über mehrere Ebenen verläuft.

flexibler. Wir können ein Auto als ein Auto erkennen, auch wenn wir eine solche Art von Auto noch nie gesehen haben oder wenn es in einer anderen Farbe an uns vorbeifährt. Wir wollen ja erkennen, was es ist und dazu müssen wir nicht jedes Detail speichern, das wäre sehr ineffizient. Wenn wir nur aufgrund gespeicherter Bilder wiedererkennen würden, dann müssten wir alles mindestens einmal genauso gesehen haben. Jede Kante und Ecke und Farbe müsste identisch sein. Eine kleine Abweichung, eine andere Farbe zum Beispiel, würde dann die Wiedererkennung unmöglich machen, denn es wäre ja nicht identisch. Das ist zum Glück nicht so, denn wir erkennen ja auch gute Bekannte noch nach Jahren wieder, obwohl sie sich verändert haben.

Wenn wir den impliziten Code der Produkte entschlüsseln wollen, dann ist es sinnvoll, das Prinzip des Autopiloten zu befolgen und die Produkte sensorisch zu zerlegen. Nicht in jede Linie und Kante, eine Zerlegung in die Sinne reicht meist schon aus.

Das Gehirn zerlegt das Produkt in einzelne, physische und wahrnehmbare Eigenschaften, von denen jede ein mentales Konzept aktivieren kann. Darin liegen wertvolle Chancen für die Differenzierung von Produkten.

Warum wir beim Familienfest keinen löslichen Kaffee servieren

Schauen wir uns das am Beispiel von löslichem Kaffee und Pulverkaffee an. Niemand würde beim Familienfest löslichen Kaffee servieren. Die spannende Frage aber ist: Warum nicht? Am Ende muss ein Kaffee vor allem schmecken. Nur ist Geschmack bekanntlich Geschmackssache. Dem einen schmeckt das besser, dem anderen das andere. Meist wird der Kaffee zudem mit Zucker und Milch getrunken, so dass die Unterschiede im Geschmack gering sind. Das zeigt auch die Tatsache, dass im Blindtest die meisten Menschen löslichen Kaffee nicht von Pulverkaffee unterscheiden können. Vor allem aber ist über den Geschmack die unterschiedliche Nutzung nicht erklärbar. Der Geschmack könnte nur erklären, warum wir den einen oder den anderen Kaffee kaufen, aber nicht, warum wir den einen beim Familienfest und den anderen eher mit dem Kumpel trinken. Was ist der dahinterliegende Code? Schauen wir uns an, ob wir durch die sensorische Zerlegung den Code entschlüsseln können.

Dazu müssen wir analysieren, wie das implizite System im Gehirn die physikalischen Eigenschaften der beiden Kaffeearten verarbeitet. Der Startpunkt bei der Entschlüsselung der Codes ist immer das wahrnehmbare Signal. Was ist damit gemeint? Alles, was der Autopilot über die fünf Sinne über ein Produkt wahrnehmen kann, ist ein Signal. Signale sind diejenigen Eigenschaften von Produkten, die wir mit unseren Sinnen erfassen können. Was sieht das Auge beim Anblick der beiden Kaffeearten (siehe Abb. 15)?

Beide sind bräunlich. Nimmt man beide Pulver auf einen Löffel, scheint das Braun des löslichen Kaffees weniger gesättigt, weniger voll, weniger dunkel zu sein. Wir haben beim Weinglas gesehen, dass diese Eigenschaften direkte mentale Entsprechungen haben. Hier ist ein erster Hinweis für das Vorurteil, dass Pulverkaffee anders, voller, besser schmeckt. Das erklärt aber immer noch nicht, warum wir den einen für die Tante und den anderen für den Freund nutzen.

Abb. 15: Links gemahlener Pulverkaffee, rechts löslicher Kaffee. Die Ausgangsbasis für das Getränk ist eine sicht- und fühlbar andere.

Der lösliche Kaffee ist eher körnig, hart und eckig, der Pulverkaffee dagegen ist fein gemahlen, erscheint runder und viel weicher. Wenn wir wieder an das Bild des Pendels denken, lösen die rundere Form und die weichere Haptik etwas Mentales in uns aus, das eher mit Weichheit zu tun hat. Dass dieser Vorgang zwar implizit aber nicht beliebig ist, haben schon die Experimente zum harten Sessel und den daraus resultierenden harten Positionen in einer Verhandlung gezeigt. Die enge Koppelung von Haptik mit mentalen Konzepten zeigt aber auch eine Studie des Neurowissenschaftlers Vilaynur S. Ramachandran. So verbinden 95 Prozent englischsprachiger Menschen die Buchstabenfolge „Bouba", die einen weichen Klang hat, mit einer runden, amöbenartigen Form, und „Kiki" mit einer eckigen, sternähnlichen

Form. Eine andere Studie ergab, dass die gleiche Form-Assoziation für „Takete" (eckig) und „Uloomo" (rund, weich) gilt, und zwar bei englischen Kindern und bei Kindern, die auf einer isolierten Insel des Lake Tanganyika in Zentralafrika lebten und Swahili sprachen. Der zentrale Treiber scheinen wiederum die sensorischen Eigenschaften von Buchstabenfolge und weicher bzw. kantiger Form zu sein. Die visuelle Form und die Haptik des löslichen Kaffees bzw. des Pulverkaffees aktivieren implizit unterschiedliche Dinge: der lösliche Kaffee ist kantig, eckig und der Pulverkaffee ist eher rund und weich.

Eine wichtige Frage, um dem Code auf die Spur zu kommen, ist: Welcher der fünf Sinne ist prägend für die ersten Erlebnisse mit dem Produkt? Als Kinder haben wir Kaffee nicht geschmeckt, wir haben ihn auch nicht angefasst. Die prägende, erste Wahrnehmung von Kaffee ist sein Geruch. Versetzen wir uns in die Lage eines Kindes. Was nimmt es wahr, wenn zu Hause Pulverkaffee zubereitet und serviert wird? Bevor der Besuch kommt, riecht es schon nach Kaffee. Wenn es so riecht, dann kommen die Familienmitglieder in die Küche usw. Der Duft des Pulverkaffees ist also eng mit dem Zusammenkommen beim Kaffee assoziiert. Beim löslichen Kaffee dagegen entsteht der Duft nicht wie beim Pulverkaffee vor dem Konsum, sondern erst nach dem Auflösen, also direkt beim Konsumieren. Hier fehlt demnach eine wichtige Verbindung zum mentalen Konzept „Gemeinschaft".

Auch die Zubereitung ist anders und aktiviert ein anderes mentales Konzept. Der lösliche Kaffee wird individuell zubereitet und konsumiert. Jede Tasse wird individuell mit Kaffee befüllt. Hier ist „Individualität" kodiert: Im übertragenen Sinne kocht jeder sein eigenes Süppchen. Vor dem Hintergrund all dieser Wahrnehmungen kommt der lösliche Kaffee nicht für „Gemeinschaft" und „Wertschätzung" in Frage, deshalb greifen wir beim Besuch der Freunde zum Pulverkaffee. Beim Pulverkaffee bedienen sich alle aus der gleichen Kanne. Die Produkteigenschaften des Pulverkaffees, von der weichen Konsistenz bis zu den prägenden Dufterlebnissen und der Art, wie wir ihn nutzen, passen also sehr viel besser zu mentalen Konzepten wie „Gemeinschaft" und „Wertschätzung". In den Produkteigenschaften des löslichen Kaffees hingegen ist mehr Individualität als Gemeinschaft enthalten (siehe Abb. 16).

Pulverkaffee ist also ein Code für „Gemeinschaft" und „Wertschätzung", während löslicher Kaffee ein Code für „Individualität" ist. Mit beiden Produkten können wird das Ziel, einen Kaffee zu trinken, erreichen, aber das

CODE		
Physisch	⇄	**Mental (Implizit)**
 fein gemahlen, weich, rund; Geruch bei der Zubereitung	⇄	Gemeinschaft, Wertschätzung
 körnig, hart, eckig; Geruch des fertigen Getränks	⇄	Individualität

Abb. 16: Physische Produkteigenschaften und die Zubereitung der beiden Kaffeearten stoßen automatisch unterschiedliche mentale Konzepte an.

mentale Konzept „Gemeinschaft" passt nicht zum löslichen Kaffee, denn dafür fehlen die Signale und physischen Eigenschaften, die mit diesem Konzept verknüpft sind. Dann helfen auch Werbung und Marke nicht, denn im Produkt selbst ist es nicht angelegt, für den Autopiloten nicht wahrnehmbar und damit nicht glaubwürdig.

Ein neuer Zugang zu Produkten

Dieses Beispiel zeigt, wie die Zerlegung der Produkte in unsere fünf Sinne einen Zugang zum dahinterliegenden Code der Produkte bietet. Die unterschiedlichen Eigenschaften, die wahrnehmbaren Signale, aktivieren unterschiedliche mentale Konzepte im Autopiloten und dieser implizite Vorgang erklärt, warum wir tun, was wir tun. Die zentrale Erkenntnis dabei ist: Das Produkt ist wesentlich mehr als seine Funktion. Betrachtet man nur die explizite Funktion des Produktes, erscheinen Produkte wenig differenzierend. Zerlegt man aber das Produkt in seine Eigenschaften, seine Signale, dann eröffnen sich Möglichkeiten für Differenzierungen, die wir bei der Vermarktung nutzen können.

Wie können wir all das in der Marketingpraxis umsetzen? Wie das Gehirn, können wir das Produkt selbst zunächst in seine Einzelteile zerlegen, eine genaue sensorische Beschreibung erstellen und uns überlegen, welche mentalen Konzepte dadurch beim Kunden aktiviert werden. Ist das Produkt schwer oder leicht, weich oder hart, hell oder dunkel, laut oder leise und welche implizite Rekodierung ist dadurch im Produkt angelegt und glaubwürdig? Durch die Beantwortung dieser Fragen ergeben sich Leitplanken zum Beispiel für die Kommunikation, wie wir im Kapitel „Kommunikation: Produkte mit Zielen aufladen" sehen werden.

Die Abbildung gibt einen Überblick über die sensorischen Signale, die in der täglichen Marketingpraxis von Bedeutung sind, weil sie mentale Konzepte aktivieren und deshalb bei der Differenzierung helfen können (siehe Abb. 17).

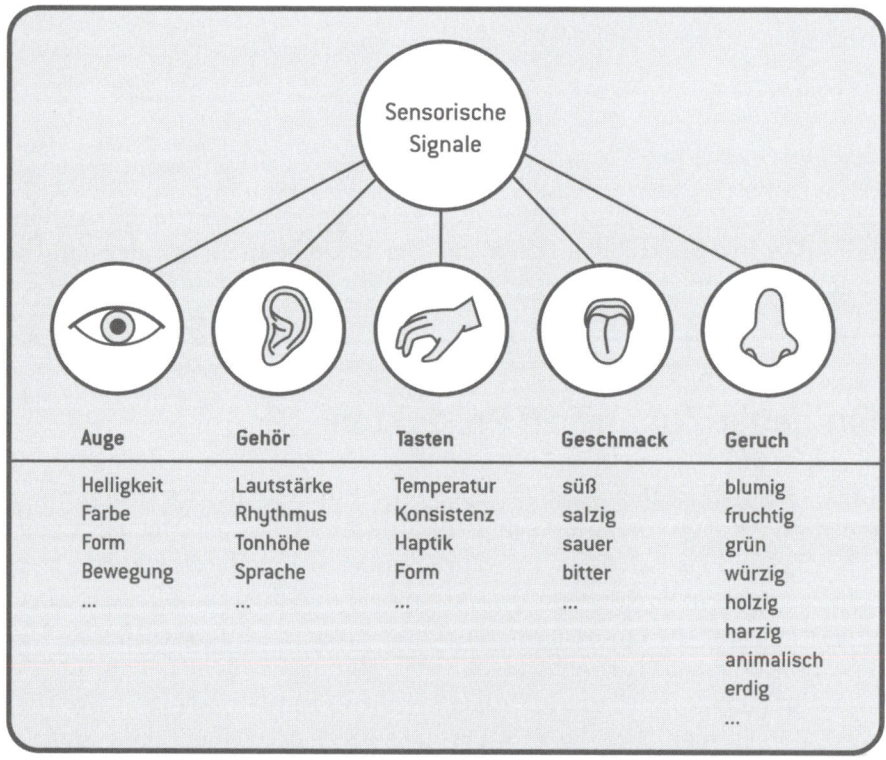

Abb. 17: Alle fünf Sinne können für sensorische Signale in der Marketingpraxis genutzt werden.

==Signale sind alle physischen Eigenschaften des Produktes, die der Autopilot über die fünf Sinne wahrnehmen kann, vom Duft über Geräusche und Farben bis hin zu Material und einzelnen Wörtern auf der Verpackung.==

In der Zerlegung der Produkte schlummern Chancen zur Differenzierung

Produkte bestehen nicht nur aus sensorischen Eigenschaften, sondern auch aus Inhaltsstoffen. Diese sind zwar nicht direkt wahrnehmbar, können aber über Kommunikation erlebbar gemacht werden. Wie eine Zerlegung in die einzelnen Produkteigenschaften den Zugang zu einer differenzierenden Positionierung öffnen kann, zeigt das Beispiel Erdinger Alkoholfrei (siehe Abb. 18).

Abb. 18: Erdinger nutzte die physische Produkteigenschaft „isotonisch" für die Kommunikation des mentalen Konzeptes „(Leistungs-)Sport".

Alkoholfreies Bier hatte immer damit zu kämpfen, kein „richtiges" Bier zu sein. Es wurde immer eher defensiv versucht, zu versichern, dass es *trotzdem* schmeckt. Erdinger ging einen anderen Weg. Die Marke hat eine Eigenschaft von Bier in den Vordergrund gestellt, die an Sport (und Leistungssport) gekoppelt ist. Die Verbindung zwischen „isotonisch" und „Sport" hat Erdinger nicht erfunden, sondern die Marke hat diese bestehende Verknüpfung genutzt, um ihr alkoholfreies Produkt über die isotonischen Eigenschaften an Sport und an Leistung zu koppeln. Und Leistung wiederum ist ein mentales Konzept, das für „richtige" Männer relevant ist, die eben ein „richtiges Bier" trinken wollen.

Dass das Bier isotonisch ist, hat mit dem eigentlichen Produktnutzen „leckeres Bier trinken" erst mal nichts zu tun. Das Beispiel zeigt, dass man relevante Konzepte implizit mit einzelnen Produkteigenschaften anstoßen kann. Glaubwürdigkeit entsteht, wenn der Anstoß des Pendels auf einer realen Eigenschaft des Produktes basiert. Wichtig aber ist: Diese Eigenschaft steht dem expliziten Produktnutzen, dem leckeren Geschmack des Bieres, nicht entgegen, denn Bier muss in erster Linie gut schmecken. Wenn die Basis der Produktnutzung nicht bedient wird, bringt die Differenzierung über implizite Konzepte nichts, sie verkommt dann zum Selbstzweck, denn das Pendel stoppt und der Kauf bleibt aus. Wir wollen zuerst ein leckeres Bier trinken und erst danach kommt die Differenzierung. Deshalb sieht man in der Erdinger Kommunikation nicht nur aktive Sportler, sondern auch Genuss-Szenen, die zeigen, dass das Bier schmeckt.

Solche vermeintlichen Kleinigkeiten können großen Einfluss auf das Verhalten der Kunden haben, weil sie mentale Konzepte aktivieren. Schauen wir uns das Beispiel Typographie an. Man könnte meinen, dass die Typographie der Menükarte eines Restaurants für die Bewertung des Essens keinen Unterschied macht. Unser Autopilot sieht das anders. In einer Studie der Universität Michigan wurden Menükarten eines Restaurants in zwei Varianten erstellt. In der einen Variante waren sie in einer einfachen, leicht lesbaren Schriftart geschrieben. Die andere Variante zeigte die Menüs in einem filigranen, hochwertigen, aber schwerer zu lesenden „Premium"-Font. Die Frage war, ob sich durch diese subtile Änderung die Bewertung des Essens ändert.

Tatsächlich schlossen die Probanden von der Typographie implizit auf die Kochkünste des Küchenchefs. Waren die Schrifttypen bodenständig und einfach, wurde auch das Essen als einfacher eingeschätzt als bei einem feineren und filigraneren „Premium"-Font. Ebenso wurde mit einem geringeren Aufwand beim Lesen ein geringer Aufwand in der Zubereitung assoziiert. Auch die Typographie ist somit ein impliziter Code, genauso wie die Form eines Weinglases.

In einer anderen Studie wurde die Lesbarkeit von Texten verändert. Bekamen Probanden zum Beispiel die Anleitung für eine Fitnessübung in einem leicht lesbaren Schriftbild präsentiert, schätzten sie die Dauer der Übung auf 8,2 Minuten. Bei einer schwerer lesbaren Typographie verdoppelte sich die Schätzung dagegen auf nahezu 15,1 Minuten. Auch wurde die Übung bei leichter Lesbarkeit als leichter durchführbar eingeschätzt, als bei einem schwerer zu dekodierenden Font. Entsprechend unterschiedlich war auch die Motivation der Teilnehmer, die Übung tatsächlich durchzuführen. Die Forscher Hyunjin Song und Norbert Schwarz schreiben als Zusammenfassung dazu:

„Die Teilnehmer interpretieren die Einfachheit, die Instruktionen zu lesen, als Hinweis darauf, wie leicht oder schwer die beschriebene Handlung auszuführen ist."

Bislang haben wir uns den Weg von der Produkteigenschaft zum mentalen Konzept angeschaut. Das Wechselspiel aber funktioniert immer in beide Richtungen, es gibt also auch den Weg vom mentalen Konzept zur Produkteigenschaft. Nehmen wir an, wir wollen implizit „Fürsorge" mit einem Joghurt konsumieren. Woran können wir erkennen, welches Produkt dafür geeignet ist?

Ein wichtiges Signal ist der Markenname, also wäre zum Beispiel die Marke Landliebe geeignet. Dass Landliebe mit dem Konzept der mütterlichen Fürsorge verknüpft ist, ist nicht schwer zu dekodieren. Dieses mentale Konzept muss aber auch im Produkt verankert sein, um glaubwürdig zu sein. Es sind Produkteigenschaften notwendig, die mit „mütterliche Fürsorge" verknüpft sind. Das ist bei Landliebe der Fall, weil hier immer etwas mehr Sahne drin ist als bei anderen Molkereiprodukten. Mehr Sahne bedeutet implizit einen Schuss mehr mütterliche Fürsorge. Deshalb würde ein „Landliebe-Light" auch nicht funktionieren. Die Perspektive des Zusammenspiels von Produktsignalen und mentalen Konzepten ermöglicht nicht nur Relevanz und Differenzierung, sondern auch einen systematischen Zugang zur Glaubwürdigkeit. Bei der Glaubwürdigkeit geht es nicht darum, etwas explizit zu glauben oder zu vertrauen. Es geht vielmehr darum, ob es der Kunde erleben, es über seine Sinne wahrnehmen kann. Ein Leistungsversprechen, das vom Autopiloten nicht wahrnehmbar ist, ist nicht erlebbar und führt nicht zum Erfolg. Die Pendel-Metapher sichert also die grundlegenden Kriterien für Erfolg: Relevanz, Differenzierung und Glaubwürdigkeit (siehe Abb. 19).

Die Signale, die wahrnehmbaren Produkteigenschaften, eröffnen große Chancen für die Differenzierung, weil sie spezifische mentale Konzepte

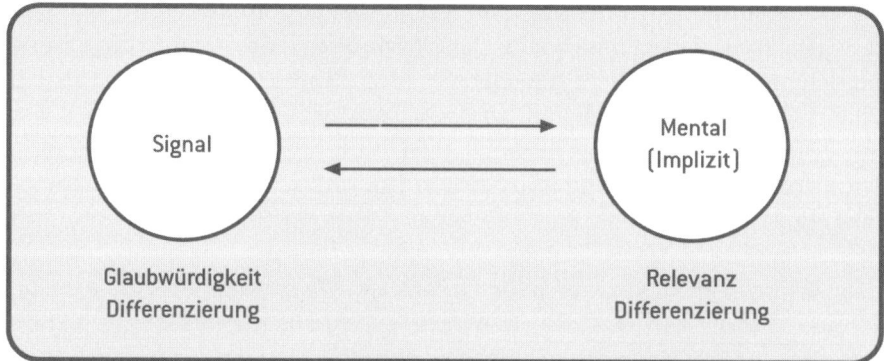

Abb. 19: Über Signale und den damit implizit assoziierten, mentalen Konzepte lassen sich die zentralen Marketingaspekte Glaubwürdigkeit, Relevanz und Differenzierung steuern.

aktivieren. Wenn ein Konzept wie zum Beispiel Fürsorge konsumiert werden soll, dann sind die Signale zudem für die Glaubwürdigkeit verantwortlich. Die mentalen Konzepte bieten Differenzierung und Relevanz, denn am Ende kaufen wir Produkte vor allem wegen der mit ihnen verbundenen mentalen Konzepte.

Abschied von den Geschmacksdiskussionen

Schauen wir in unseren Marketingalltag, dann fällt auf: Wir diskutieren sehr oft über Signale, zum Beispiel auf der Verpackung oder in der Werbung. Und das zu Recht, denn wie wir gesehen haben, sind die konkreten Signale, die unsere Produkte über alle Kontaktpunkte hinweg aussenden, mächtige Hebel. Signale sind für das Gehirn Codes für mentale Konzepte. Um es mit den Worten der Marketingberater Uwe Munzinger und Karl Georg Musiol zu sagen:

„Die Bedeutung von konkreten Signalen in der Markenkommunikation kann gar nicht hoch genug eingeschätzt werden. Auf Basis jahrzehntelanger Erfahrungen als Kommunikations- und Werbeforscher schätzen wir, dass neun von zehn nicht erfolgreichen Kampagnen daran scheitern, dass sie konkrete Signale falsch einschätzen."

Dass diese Diskussionen aber nicht einfach sind, erfahren wir jeden Tag. Es fehlt an Regeln, wie wir zum Beispiel Agentur-Entwürfe, sei es eine Verpackungsgestaltung, eine Webseite oder einen TV-Spot beurteilen sollen. Was ist richtig, was ist falsch? Darüber wird am meisten diskutiert. Und meistens kontrovers. Nicht selten kommt der Geschmack der Beteiligten ins Spiel, der eine findet zum Beispiel die eine Typographie schöner oder moderner, ein anderer hat eine ganz andere Präferenz. Die meisten Sätze in diesen Diskussionen beginnen mit den Worten „Mir gefällt das, weil …" oder „Mir gefällt das nicht, weil …". Es scheint hier also um Geschmack zu gehen. Und Geschmäcker sind nun mal verschieden. Dazu kommt, dass die Diskussion oft sehr persönlich wird und auf eine „Glaubensfrage" hinausläuft. Das erschwert dann später die kritische Beurteilung, weil man sich quasi persönlich für ein Werbekonzept verbürgt hat.

Nehmen wir die Erkenntnisse zur sensorischen Zerlegung und impliziten Aktivierung von Konzepten ernst, dann haben wir jetzt einen neuen Zugang zu diesen Diskussionen. Denn alle Signale, die wir im Marketing nutzen, seien das Eigenschaften des Produktes, Signale auf der Verpackung oder in der Werbung, sind Codes, die mentale Konzepte aktivieren. Es geht hier nicht darum, ob wir etwas schöner finden, sondern darum, wofür das Signal ein Code ist. Der Zugang über die Codes ermöglicht mehr Objektivität und dadurch mehr Effizienz. Auch hier hilft es, die Signale und ihre Bewertung aus Sicht des Gehirns besser zu verstehen. Schauen wir uns im ersten Schritt einmal an, wie sich der Autopilot aus der Fülle von Input überhaupt ein klares Bild verschafft.

Die Regeln der Verknüpfung zwischen Signalen und mentalen Konzepten sind deshalb so hilfreich für die Praxis, weil sie geschmäcklerische Entscheidungen durch strategische Entscheidungen ersetzen.

Nur die konstituierenden Signale zählen

Der Autopilot zerlegt, wie wir gesehen haben, die Produkte in viele Eigenschaften und Signale. Aber müssen wir jetzt auf jede Kleinigkeit achten? Jedes Detail auf das mentale Konzept ausrichten? Nein. Das würde unseren Alltag im Marketing noch komplexer machen, als er jetzt schon ist. Das Gehirn funktioniert zum Glück nach sehr klaren Prinzipien, und nur diese müssen wir kennen. Das Gehirn ist streng nach Effizienzprinzipien aufgebaut. Und es wäre ineffizient, wenn es sich mit jedem Detail beschäftigen müsste, um eine Entscheidung zu treffen. Neuroanatomen haben errechnet, dass der Autopilot elf Millionen Sinneseindrücke pro Sekunde verarbeitet. Wir nehmen also jedes Detail implizit wahr, aber nicht alles ist wichtig. Wie dekodiert der Autopilot das übergeordnete Muster in all den Daten, die jede Sekunde von den Sinnen ins Gehirn geliefert werden?

Bevor der Autopilot ein mentales Konzept aktivieren kann, muss er erst einmal erkennen, um was es sich überhaupt handelt. Um die „Was ist es?"-Frage zu beantworten, nutzt das Gehirn ein spannendes und sehr effizientes Prinzip. Die Zeichnung unten stammt von der 2,5 Jahre alten Tochter eines der Autoren und zeigt, was die Basis für das Erkennen von Dingen im Gehirn ist. Die Tochter malte diese Zeichnung und fügte dann hinzu „Schau mal Papa, ein Schmetterling" (siehe Abb. 20).

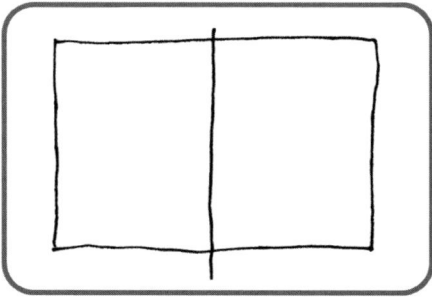

Abb. 20: Der Prototyp eines Schmetterlings: Die symmetrische Teilung durch den überstehenden Strich ist ein konstituierendes Merkmal.

Ein Schmetterling?! Es ist kein schöner Schmetterling, wir haben auch noch nie einen solchen Schmetterling gesehen – die Tochter sicher auch nicht – aber die Zeichnung veranschaulicht eines: Unser Gehirn speichert nur diejenigen Eigenschaften ab, die für eine präzise Erkennung notwendig sind. Unser Gehirn hat ganz viele unterschiedliche Schmetterlinge gesehen, aber es hat sich nicht jeden einzelnen gemerkt, sondern es hat eine Regel abgeleitet. Diese Regel ist eine Art Prototyp, der nur die wichtigsten und typischsten Eigenschaften eines Objektes oder Produktes enthält. Die Eigenschaften, die den Prototyp definieren, nennt man konstituierende Merkmale. Diese Merkmale legen fest, um was es sich handelt. Ein Stuhl hat vier Beine, ein Schmetterling zwei Flügel. Nimmt man beim Stuhl die Rückenlehne weg, ist es ein Hocker. Nur über dieses Prinzip der konstituierenden Merkmale können wir alte Bekannte erkennen, auch wenn wir sie schon lange nicht mehr gesehen haben, wenn sie andere Kleider tragen oder eine andere Frisur haben. Unser Autopilot muss dann nur noch mit den Prototypen abgleichen und wenn die konstituierenden Merkmale übereinstimmen, ist es für unser Gehirn ein Schmetterling, eine Tasse, ein Joghurt oder Onkel Günther.

==Nicht jedes Detail zählt. Wichtig sind die konstituierenden Signale.==

Alles, was nicht dem Prototypen entspricht, was also nicht zur Erkennung notwendig ist, kann sich problemlos ändern, und wir erkennen den Schmetterling, die Tasse oder Onkel Günther trotzdem. Wenn wir eine lila Kuh sehen, wissen wir trotzdem, dass es eine Kuh ist. Die Farbe ist für eine Kuh offenbar nicht konstituierend – höchstens für die Assoziation mit einer Marke. Schauen wir uns das am Beispiel von Light-Produkten an: Was sind hier die konstituierenden Merkmale? Im Vergleich zu Muttermarken haben Light-Marken immer entsättigte Farben. Die Leichtigkeit wird also über die Entsättigung der Farben kodiert (siehe Abb. 21).

Abb. 21: Unterschiedliche Produkte und ihre Varianten in Light-Form. Wir erkennen das Light-Produkt aufgrund der entsättigten Farben.

Ein anderes Beispiel für den Einsatz farblicher Entsättigung, um „Leicht" zu kodieren, demonstrieren die Zigarettenverpackungen in den USA. Bald dürfen die dortigen Tabakkonzerne Worte wie „light" oder „mild" auf ihren Verpackungen nicht mehr nutzen. Um trotzdem „leicht" zu kommunizieren, stellen die Anbieter deshalb alle Light-Verpackungen auf entsättigte Farben um. Alle Verpackungen der Marke Salem etwa waren in demselben Grünton gehalten, aber seit kurzem werden die zuvor mit „Light" benannten Verpackungen in hellerem Grün und Weiß gestaltet, anstelle des Wortes „Light". Unser Gehirn dekodiert also die farbliche Entsättigung im übertragenen Sinne als „Leichtigkeit". Es geht hier nicht darum, alle Signale zu kopieren und eine Art Best-Of-Liste oder gar Datenbank zu erstellen. Das Ziel ist vielmehr, diejenigen Eigenschaften zu identifizieren, welche die konstituierenden Kategoriecodes kommunizieren, denn dann können wir uns auf die Differenzierung fokussieren.

Wie wichtig konstituierende Merkmale auch in der Markenführung sind, zeigt die Entwicklung der Nivea-Dose (siehe Abb. 22).

Abb. 22: Die Nivea-Dose, ein Klassiker der Konsistenz. Die Verpackung hat sich mit der Zeit geändert, die konstituierenden Merkmale nicht.

Die Nivea-Dose hat sich merklich verändert, aber die konstituierenden Merkmale sind geblieben. Wenn alles gleich geblieben wäre, dann würde die Dose heute tradiert wirken, denn unser Gehirn nimmt ja nicht nur unser Produkt wahr, sondern auch alle anderen Produkte. In einer Studie des Marketingprofessors Dieter Ahlert von der Universität Münster wurden die Farben der Nivea-Dose verändert, zum Beispiel von Blau zu Rot (siehe Abb. 23).

Abb. 23: Lila schmeckt anders als Orange: Auch Farbe kann ein konstituierendes Merkmal sein.

Dabei zeigte sich: Wird die Nivea-Dose in roter statt in blauer Farbe präsentiert, verändert das die Präferenz für die Marke Nivea signifikant in die negative Richtung – obwohl es immer noch die Marke Nivea ist. Die Farbe scheint hier also konstituierend zu sein. Wir werden uns im Kapitel „Die Codes der Marke steuern" genauer anschauen, wie man die konstituierenden Codes einer Marke entschlüsseln kann.

Die konstituierenden Merkmale geben Leitplanken für die Umsetzung: Sie zeigen, welche Signale wir behalten sollten, und was wir verändern können, um uns weiterzuentwickeln und neue Kunden anzusprechen, ohne die bestehenden Kunden zu verlieren.

Die konstituierenden Codes von Premium

Wie uns die Erkenntnisse zu den konstituierenden Merkmalen bei der Entwicklung von Produkten helfen, zeigt das folgende Beispiel. Angenommen wir wollen ein Premium-Produkt verkaufen. Welche Signale müssen wir unbedingt bedienen? Was konstituiert Premium, was sind die Codes von

Premium? Spontan wird hier neben dem Preis oft die Farbe Schwarz genannt. Das ist das offensichtliche Signal für „Premium". Deshalb sind viele Premium-Marken ja auch schwarz (siehe Abb. 24).

Abb. 24: Schwarz ist die Premium-Farbe schlechthin. Ob Designertasche oder Kreditkarte, die Farbe Schwarz signalisiert den Premium-Charakter.

Aber es gibt auch Anbieter, die Schwarz nutzen, aber nicht Premium sind, wie zum Beispiel die Billig-Anbieter „E wie Einfach" (Strom) oder „Congstar" (Telekommunikation). Schauen wir uns das Beispiel der erfolgreichen Premium-Marke „Feine Welt" von REWE an (siehe Abb. 25). Die Marke ist nicht schwarz, sondern weiß. Es muss also neben Schwarz noch andere Signale für „Premium" geben. Schwarz alleine kann es nicht sein. Was sind weitere prototypische Merkmale für Premium?

Zum einen ist da die Farbe der Typographie, die bei manchen Produkten golden ist. Auch das Logo ist in Gold gestaltet. Zum anderen ist die Typographie dünn, zierlich, gerade und fein. Die Packungen wirken aufgeräumt, die Elemente haben eine gewisse Distanz zueinander. Räumliche Eigen-

Abb. 25: Feine Welt von REWE zeigt, dass Premium auch über andere Codes ausgedrückt werden kann als über die Farbe Schwarz.

schaften sind spannend, weil wir Menschen damit sehr viel kodieren. Wir haben schon gesehen, dass räumliche Distanz und mentale Distanz in den gleichen Netzwerken im Gehirn verarbeitet werden. Aber wie hängt dies nun mit Premium zusammen? Schauen wir uns dazu ein Experiment des Forschers John Bargh von der Universität Yale an. Er bat die Teilnehmer zu Beginn eines Experiments unter einem Vorwand, zwei Zahlen auf einer Achse abzutragen. Die eine Gruppe musste die Zahlen drei und sechs abtragen und die andere Gruppe die Zahlen zwei und neun. Die beiden Kreuze auf der Skala hatten bei der zweiten Gruppe also eine größere Distanz. Anschließend schauten die Teilnehmer einen traurigen Film. Dabei wurden ihr Blutdruck und ihr Puls gemessen, und die Personen wurden gefragt, wie traurig sie der Film gemacht hat. Das erstaunliche Ergebnis: Die „distanzierten" Personen der zweiten Gruppe zeigten weniger Auswirkungen auf den Puls und den Blutdruck als die erste Gruppe und sie fühlten sich auch weniger traurig. Sie hatten mehr Distanz zum Film als die erste Gruppe. Die Distanz zwischen den beiden Zahlen bahnte implizit mentale Distanz im

Kopf der Teilnehmer. Je größer die physikalische Distanz, desto größer die mentale Distanz.

Und genau das ist ein wichtiger Aspekt von Premium. Es geht um Exklusivität, um das Besondere, es geht darum, sich zu distanzieren bzw. sich von anderen Produkten zu distanzieren. Das Beispiel Feine Welt zeigt ein weiteres konstituierendes Premium-Element: den Kontrast. Auf Schwarz und auf Weiß können Kontraste am besten hergestellt werden. Und auch dies ist im übertragenen Sinne zu verstehen. Es geht bei Premium darum, sich abzuheben von anderen. Die typischen Premium-Signale sind neben den Farbcodes (Schwarz oder Gold) deshalb vor allem der Kontrast und die Distanz aller Elemente eines Designs. Der Autopilot rekodiert daraus „Exklusivität" und „Abgrenzung", Kontrast und Distanz im übertragenen Sinne (siehe Abb. 26).

Abb. 26: Premium bedeutet Abgrenzung und Exklusivität. Das wird über Signale wie physische Distanz und Kontrast codiert.

Anregung: *Welche der Signale, die Sie in Ihrem Marketing verwenden, sind in den relevanten Produktkategorien konstituierend und kommunizieren dem Kunden unmittelbar, um welches Produkt und um welche Leistung es sich hier handelt?*

Die Statistik der Umwelt:
Der Schlüssel zur Objektivität

Wir haben gesehen, wie der Autopilot Produkte und seine Eigenschaften in Signale zerlegt und über den Abgleich mit einem mentalen Prototyp erkennt, was es ist. Dabei sind zwei Fragen offen geblieben. Zum einen: Wie entsteht der Prototyp und wie kann das Gehirn die Regeln ableiten, wie kann es die konstituierenden Merkmale bestimmen? Zum anderen: Wie sind die Signale mit den mentalen Konzepten verknüpft und wie kommt diese Verknüpfung zustande? Wie kommt das Pendel in den Kopf? Die Antwort ist in beiden Fällen die gleiche: durch Erfahrung und implizites Lernen im Autopiloten! Das Gehirn lernt implizit, wann die Produkte in unserer Kultur typischerweise genutzt werden, von wem sie genutzt werden, was wir als Kinder dazu lernen, was die Medien dazu berichten, was wir beobachten oder erzählt bekommen und vieles mehr. Es kann sein, dass man beim Familienfest mal einen löslichen Kaffee angeboten hat, aber dem stehen sehr viel mehr Erfahrungen gegenüber, wann löslicher Kaffee und wann Pulverkaffee genutzt wird. Der Autopilot lernt alles, was wiederholt auftritt, er lernt die Statistik der Umwelt. Man spricht hier auch von „Erfahrungswissen" weil dieses meist implizite Wissen auf unseren täglichen Erfahrungen beruht.

Schauen wir uns an einem weiteren Beispiel an, was mit Erfahrungswissen und Statistik der Umwelt gemeint ist. Wenn wir versuchen, diese Sätze zu lesen, sind wir erstaunlicherweise dazu in der Lage. Aber wie kommt das (siehe Abb. 27)?

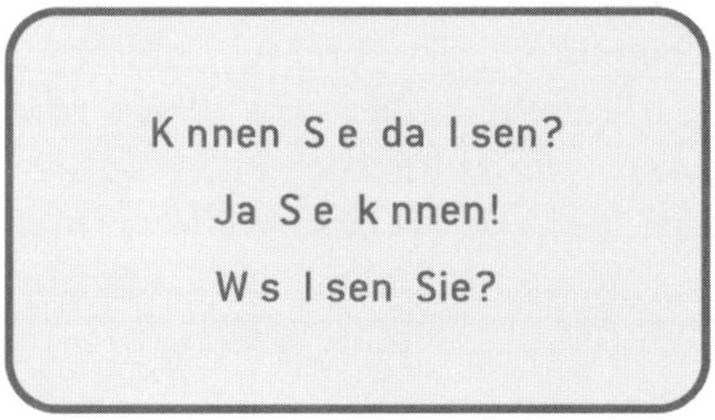

K nnen S e da l sen?

Ja S e k nnen!

W s l sen Sie?

Abb. 27: Dass wir den Text trotz Lücken lesen können, verdanken wir der Statistik der Buchstaben, die wir über Jahre gelernt haben.

http://www.decode-online.de/codes/webtipp5.html – Spannender Vortrag zum Thema Statistik der Umwelt von Beau Lotto auf Ted.com.

Wir haben die Erfahrung gemacht, dass zwischen einem k und zwei n meistens ein ö steht. Das muss nicht zwingend so sein, es könnte theoretisch ja auch ein i sein, aber das ist eben unwahrscheinlich. Der Autopilot ergänzt hier basierend auf den Erfahrungen, die wir gemacht haben. Die Neuropsychologie zeigt, dass unser Gehirn implizit lernt, wann welches Signal mit welchen anderen gleichzeitig und wiederholt auftritt. Das zugrundeliegende Lernprinzip nennt man „What fires together wires together". Nervenzellen, die wiederholt gleichzeitig feuern, verdrahten sich immer stärker. Unser Gehirn lernt ab der ersten Sekunde unseres Lebens die Statistik der Umwelt. Was wiederholt zusammen auftritt, wird als zusammengehörig abgespeichert. Wenn wir den Duft des frisch aufgebrühten Kaffees riechen und einige Minuten später die Familie in den Raum kommt, dann entsteht implizit die Verbindung zwischen dem Signal und dem mentalen Konzept „Gemeinschaft".

Der Autopilot im Gehirn ist darauf spezialisiert, aus der ganzen Menge an Signalen, die über die Sinne aufgenommen werden, die dahinterliegenden Muster zu erkennen. Dieser Lernvorgang funktioniert dabei völlig implizit. Die Forscher rund um Scott Kaufmann von der Universität Yale schreiben dazu in einem aktuellen Überblicksartikel im Fachjournal *Cognition*:

„Die Fähigkeit, automatisch und implizit Muster und Regeln in der Umwelt zu erkennen, ist ein fundamentaler Aspekt menschlicher Kognition."

Das Gehirn lernt implizit die wiederkehrenden Muster in den Signalen, es lernt das Typische von Produkten und Marken, wann sie genutzt werden, wann nicht, in welchen Situationen und wie andere Menschen darauf reagieren. Unser Gehirn speichert, dass uns warm wird, wenn uns unsere Eltern an sich drücken und dadurch entsteht eine Verbindung aus Nähe und Wärme und führt später dazu, dass wir die warme Suppe wählen, wenn wir soziale Kälte ausgleichen wollen. Aus diesen Erfahrungen werden dann die Prototypen und die konstituierenden Elemente abgeleitet.

==Die Statistik der Umwelt ist die Grundlage für eine objektive Beurteilung von Signalen im Marketing. Über unsere alltäglichen Erfahrungen hinweg leitet unser Gehirn implizit die Regeln für die Verknüpfung zwischen Signal und mentalem Konzept ab.==

Wie unsere Umwelt sogar unsere Wahrnehmung verändert und beeinflusst, zeigt das folgende Beispiel (siehe Abb. 28). In dieser bekannten Täuschung erscheint es so, dass die eine Linie länger ist als die andere. Tatsächlich sind sie aber gleich lang.

Interessant ist nun, dass die südafrikanischen Zulu dieser Täuschung nicht unterliegen. Warum? Sie leben in runden Hütten, pflügen in Kurven und

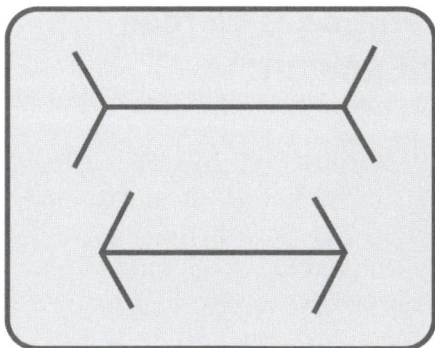

Abb. 28: Die Müller-Lyer-Illusion: Obwohl beide Linien gleich lang sind, wirkt die obere Linie länger als die untere.

ihre Gegenstände weisen sehr selten Ecken auf. Unsere Räume und Häuser sind hingegen eckig. Je nach Perspektive lernen wir deshalb implizit, dass die eine Konstellation für „nahe" und die andere für „weiter weg" steht (siehe Abb. 29).

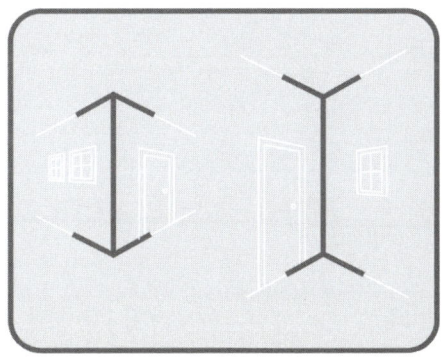 

Abb. 29: Die Müller-Lyer-Illusion ist nicht angeboren, sondern kulturell über die Statistik der Umwelt gelernt.

<mark>Die Kultur, in der wir aufwachsen, bestimmt über Lerngesetze im Gehirn die Verknüpfung zwischen Signal und mentalem Konzept.</mark>

Aus unserer alltäglichen Erfahrung, unserem alltäglichen Erleben legt der Autopilot über implizites Lernen eine Statistik der Umwelt an und dadurch entstehen die Pendel im Kopf.

Die wichtigsten Codes werden in der Kindheit gelernt

Besonders prägend sind dabei die ersten sieben Jahre unseres Lebens. Dort lernen wir die Regeln unserer Kultur, unseres Zusammenlebens, wir lernen die Sprache und wir lernen zum Beispiel auch, dass Pulverkaffee mit Gemeinschaft gekoppelt ist. Wir wissen dann intuitiv, wofür ein Pudding steht, wann wir ihn normalerweise bekommen, wie er aussieht und welche mentalen Konzepte daran gekoppelt sind. Unser Gehirn speichert diese Erfahrungen, indem es die beteiligten Nervenzellen miteinander verbindet. Die folgende Abbildung zeigt, wie sich diese Verbindungen im Gehirn in den ersten Lebensjahren entwickeln (siehe Abb. 30).

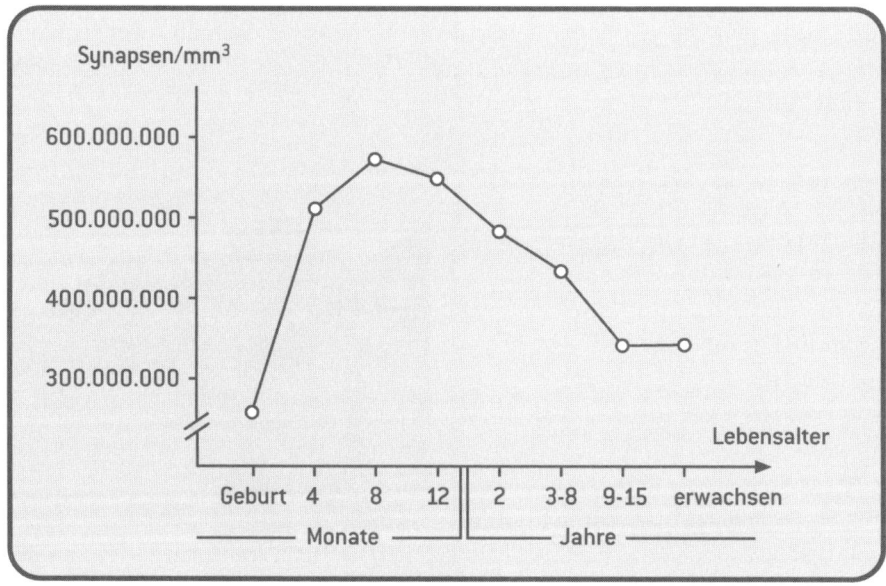

Abb. 30: Die Kurve zeigt die Menge an Verknüpfungen von Nervenzellen in unserem Gehirn.

Man sieht, dass in den ersten sieben Lebensjahren am meisten gelernt wird. In dieser Zeit entstehen am meisten neue Verbindungen. Deshalb ist es sehr lohnenswert, sich anzuschauen, welche Statistik der Umwelt über die Signale, die Kategorie, die Produkte oder die Marke beim Kunden angelegt ist.

Welche Situationen sind damit verbunden? Welche Handlungen? Wann wurde es genutzt? Wann nicht? Was wurde gesagt? Welche Redewendungen gibt es dazu? Welche sensorischen Eigenschaften hat es? Diese frühen Lernerfahrungen legen wie beim Kaffeeduft die Basis, die später nur noch ausdifferenziert, aber meist nicht wirklich verändert wird. Die kindlichen Erfahrungen sind eine reichhaltige Quelle, um die impliziten Codes von Produkten zu verstehen.

Anregung: *Was sind die allerersten Erfahrungen, die Kunden mit Ihrem Produkt machen? Was passiert da sonst noch, und für welche mentalen Konzepte kann das stehen?*

Der Lernvorgang ist dabei völlig implizit, genauso wie wir auch unsere Muttersprache lernen. Nehmen wir das Wort „Nein". Was ist die „Statistik" von diesem Wort? Zunächst einmal ist das „Nein" der Mutter nur ein Geräusch, gekoppelt mit einem Öffnen des Mundes, meist auch mit einer Änderung des Blickes und zumindest in den meisten Ländern mit einem Kopfschütteln. Wenn die Mutter „Nein!" sagt, wird die Stimme lauter, die Augen gehen weiter auf, der Mund öffnet sich weit. Und zwar sehr oft, über Jahre hinweg. Wenn das Wort erklingt, wird dem Kind auch manchmal etwas weggenommen oder verboten. So lernen wir die Bedeutung des Wortklangs und ein entsprechendes Verhalten.

Wenn sich Besuch ankündigt, beobachten wir vielleicht, dass die Mutter gründlicher putzt als sonst. Wir werden gemaßregelt, wenn wir uns schmutzig machen, besonders wenn die guten Stücke schmutzig werden. Unsere Eltern ziehen uns zur Seite, wenn wir an einem Mann vorbeigehen, der am Boden sitzt und sie tun das auch, wenn wir an einem Hund vorbeigehen oder wenn wir zu nahe an der Straße laufen. Wir sollen uns also von allen drei Dingen fernhalten. Das haben wir gespeichert, noch bevor wir reden können, wir haben es implizit gelernt. Bevor wir als Kinder Dinge wie Einstellungen, Wertehaltungen oder Persönlichkeit kennen, beschränkt sich unser Verständnis der Welt auf das, was wir wahrnehmen können. Auch deshalb basiert die Wirkung von Produkten auf Signalen und wahrnehmbaren Produkteigenschaften.

Schauen wir uns zum Beispiel Bilder aus Kinderbüchern an. Welche Regeln lernt unser Autopilot, wenn wir ein Kinderbuch mit den folgenden Bildern sehen (siehe Abb. 31)?

Abb. 31: Kinderbücher bieten einen reichhaltigen Einblick in die Regeln, die in unserer Kultur gelten. Aus: ministeps, Meine ersten Bilder, Illustration und Text: Georgia, © 2007 by Ravensburger Buchverlag Otto Maier GmbH sowie Liane Schneider, Connis erster Flug, Illustrationen von Eva Wenzel-Bürger © 2002 Carlsen Verlag GmbH, Hamburg

Zum einen lernt das Kind, dass die Mutter kocht und der Vater arbeitet. Zum anderen lernt es, dass der Vater das Einchecken erledigt, die Mutter es nicht tut, eine andere Mutter es aber macht, aber dort kein Mann dabei ist. Zudem lernt das Kind, wie ein typischer Dackelbesitzer aussieht. Der Autopilot speichert all diese Informationen ab und daraus entstehen die Regeln. Und genauso lernen wir auch die Verknüpfungen von Produkteigenschaften und mentalen Konzepten. Die Statistik der Umwelt und unser Körper mit seinen Sinnen bilden die implizite Grundlage für die Verknüpfungen.

Die Regeln der Verknüpfung zwischen den Signalen und den mentalen Konzepten werden in der Kindheit angelegt. In den ersten Lebensjahren lernen wir implizit die Regeln unseres Zusammenlebens, und Produkte gehören dazu. Die Codes der Produkte entstehen also sehr früh, weil Produkte in unserem Zusammenleben eine wichtige, auch soziale Rolle spielen.

Diese Erkenntnis ist für unseren Marketingalltag eine Befreiung, denn sie beendet die geschmäcklerischen Diskussionen. Fragen nach Gefallen, Modernität oder Sympathie sind Geschmackssache. Die Frage aber, ob ein Signal wie Sahne mit dem Konzept Fürsorge gekoppelt ist, kann objektiv und sehr klar beantwortet werden. Wenn wir als Marke oder Produkt für ein bestimmtes mentales Konzept, wie zum Beispiel Stolz oder Fürsorge stehen wollen, dann müssen wir uns fragen, welche Signale prototypischerweise damit verbunden sind. Oder wir haben ein neues Produkt, das bestimmte Eigenschaften und Signale hat, dann müssen wir uns fragen, mit welchen mentalen Konzepten dieses Signal laut Statistik der Umwelt implizit gekoppelt ist.

Der Zugang über die Statistik der Umwelt und die Lerngesetze bilden ein objektives Fundament, denn so verschieden wir sind, so haben wir doch alle die gleichen Regeln gelernt – zumindest in unserer Kultur. Wir haben auch alle die gleichen Verbindungen von Signal und mentalem Konzept gelernt. Hätten wir nicht die gleichen Regeln, könnten wir nicht zusammen leben! Wir werden als einzelnes Unternehmen nie in der Lage sein, die Statistik der Umwelt zu beeinflussen. Verknüpfungen, die nicht angelegt sind oder bereits bestehende Verknüpfungen zu ändern, ist nur schwer, wenn überhaupt, zu erreichen. Jeder macht natürlich unterschiedliche Erfahrungen, je nachdem, wo er lebt und wie er durch sein Elternhaus geprägt wurde, aber die Regeln im Umgang mit den Produkten sind für alle gleich, denn jeder weiß, wenn auch vielleicht nur implizit, dass eine Louis Vuitton-Tasche für Status steht, unabhängig von Bildungsstand, Alter, Einkommen und Lebensgeschichte.

Wir müssen die impliziten Codes und ihre Regeln kennen und nutzen. Im privaten Alltag tun wir dies ohnehin. Der intuitive Umgang mit den 10.000 Produkten basiert genau auf diesen Regeln und die Statistik der Umwelt ist der Schlüssel zu diesen Codes. Wir haben ja gesehen, wie intuitiv wir mit den Produkten umgehen. Der Schlüssel zu diesen Regeln ist die Statistik der Umwelt und was diese Statistik in unseren Köpfen an Spuren hinterlässt. Sie ermöglicht eine objektive und systematische Beurteilung von Signalen und Produkteigenschaften – von der Konsistenz einer Flüssigkeit bis zum Protagonisten im TV-Spot.

Wir werden im weiteren Verlaufe des Buches auch sehen, dass der Ansatz, in Codes zu denken die Arbeit von Kreativen befördert, weil hier die für Kreativität wichtigen zentralen Leitplanken entstehen. Wer schon einmal ein Brainstorming ohne klare Leitplanken durchgeführt hat, weiß, wie schwer es bei unscharfem Briefing ist, kreativ und produktiv zu sein. Wenn zum Beispiel in Briefings von „modern", „sympathisch" und „emotional involvierend" die Rede ist, fehlen die klaren Leitplanken, diese Begriffe sind zu offen und zu wenig klar definiert. Die „Tonalität" zu definieren, hilft dann auch nicht wirklich weiter, da unklar bleibt, wie die strategisch wichtigen Markenwerte genau umgesetzt, in wahrnehmbare Signale übersetzt, werden sollen. Genau hier setzen die Codes an: an der Schnittstelle zwischen Signal und mentalem Konzept. Also an der Frage, wie die Strategie und ihre Umsetzung in Kontaktpunkte, wie die Verpackung oder die Werbung optimal gesteuert werden können und wie über die Entschlüsselung der Signale die Produktentwicklung unterstützt werden kann.

Die wesentlichen Punkte dieses Kapitels auf einen Blick:
- Die Kultur, in der wir aufwachsen, bestimmt über Lerngesetze im Gehirn die Verknüpfung von Signal und mentalem Konzept.
- Die Statistik der Umwelt ist die Grundlage für eine objektive Beurteilung von Signalen im Marketing. Über unsere alltäglichen Erfahrungen hinweg leitet unser Gehirn daraus die Regeln der impliziten Verknüpfung zwischen Signal und mentalem Konzept ab.
- Die Regeln der Verknüpfung zwischen Signalen und mentalen Konzepten sind deshalb so hilfreich für die Praxis, weil sie geschmäcklerische Entscheidungen durch strategische Entscheidungen ersetzen.
- Potenziell liegt in jedem Signal eine Chance zur Differenzierung von Produkten und Marken, auch wenn es für die eigentliche Produktfunktion eher unwichtig ist, denn jedes Signal kann mentale Konzepte aktivieren.

Embodiment: Handlungen sind Codes

„Alles, was wir denken oder verstehen, wird durch unseren Körper, das Gehirn und unsere Interaktion mit der Umwelt beeinflusst, ermöglicht und begrenzt.“

George Lakoff

Was Sie in diesem Kapitel erwartet: Die sensorischen Eigenschaften eines Produktes bieten uns einen Zugang zu den Produktcodes. Das Gehirn nutzt aber nicht nur diesen Input, um Produkte zu entschlüsseln. Genauso wichtig ist alles, was wir mit dem Produkt tun. Beim Anblick eines Produktes wird im Gehirn immer auch aktiviert, was wir damit tun können. Die Forschung spricht hier vom „Embodiment“ und meint damit die zentrale Rolle unseres Körpers bei der Entschlüsselung von Codes. In diesem Kapitel erfahren Sie, wie über Handlungen ebenfalls mentale Konzepte aktiviert werden und welche Chancen sich daraus für die Differenzierung ergeben.

Der Körper denkt mit

Wir haben im letzten Kapitel gesehen, wie unser Gehirn Produkte implizit zerlegt, um sie zu erkennen und vor allem, wie durch diesen Vorgang mentale Konzepte aktiviert werden. Was aber erst seit kurzer Zeit entdeckt wurde, ist, dass unser Körper nicht nur ein ausführendes Organ des Gehirns, sondern auch für die Erkennung von Dingen sehr wichtig ist. Diese Erkenntnisse eröffnen einen weiteren, neuen und faszinierenden Zugang zu den impliziten Codes unserer Produkte.

Ein Blick in die Wissenschaft zeigt, was damit gemeint ist. Wissenschaftler des amerikanischen National Institute of Mental Health haben Probanden in einem Hirnscanner das Bild einer Tasse gezeigt. Erwartungsgemäß sprang die visuelle Hirnrinde an, also der Teil unseres Gehirns, der für die Verarbeitung von visuellen Signalen zuständig ist. Das eigentlich Erstaunliche war, dass auch die motorische Hirnrinde beim Anblick der Tasse reagierte. Genauer wurde der Teil des Gehirns aktiv, der für die Steuerung unserer Arme und Hände zuständig ist. Die Forscher sind diesem Phänomen nachgegangen und haben den Probanden verschiedene Tassen gezeigt und manchmal sogar nur das Wort „Tasse" eingeblendet. Immer wurde auch der Teil im Gehirn aktiv, der den Umgang mit der Tasse steuert. Der Anblick einer Tasse oder nur das Wort Tasse erzeugt im Gehirn die gleiche Reaktion, als würden wir die Tasse in der Hand halten.

Was das Gehirn tut: Wann immer wir ein Produkt sehen, aktiviert das im Gehirn genau die Hirnareale, die im Umgang mit dem Produkt relevant sind, vom Aussehen bis zum Greifen, Öffnen oder Drücken mit den Händen. Begreifen ist im Gehirn sehr eng an „Be-Greifen" geknüpft. Zur Frage „Was ist es?" kommt also die Frage „Was kann ich damit tun?" hinzu. Auch dieser Vorgang verläuft völlig implizit, wir nehmen diese mentale Simulation nicht bewusst war (siehe Abb. 32).

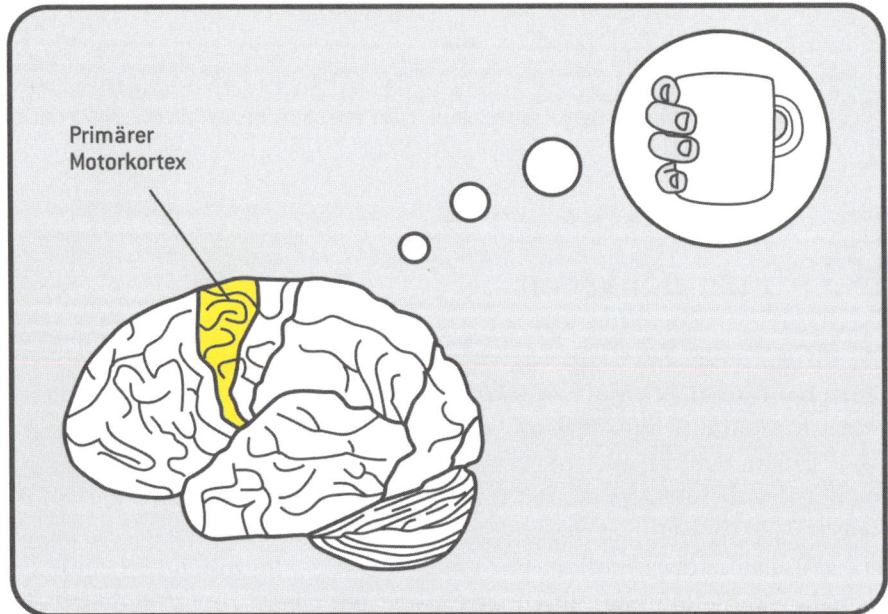

Primärer
Motorkortex

Abb. 32: Wenn wir Gegenstände sehen, ist in unserem Gehirn das Areal aktiv, das für Handlungen zuständig ist.

Wie wichtig die Hände und der Umgang mit Gegenständen sind, wird besonders deutlich, wenn man sich anschaut, wie viel Platz im Gehirn den Händen im Vergleich zu anderen Körperteilen eingeräumt wird. Die folgende Abbildung zeigt das Verhältnis, in dem das menschliche Gehirn Zellen für bestimmte Körperteile hat. Je mehr Zellen vorhanden sind, desto größer ist der Körperteil im Kopf repräsentiert und desto wichtiger ist er für die neuronale Dekodierung von Produkten (siehe Abb. 33).

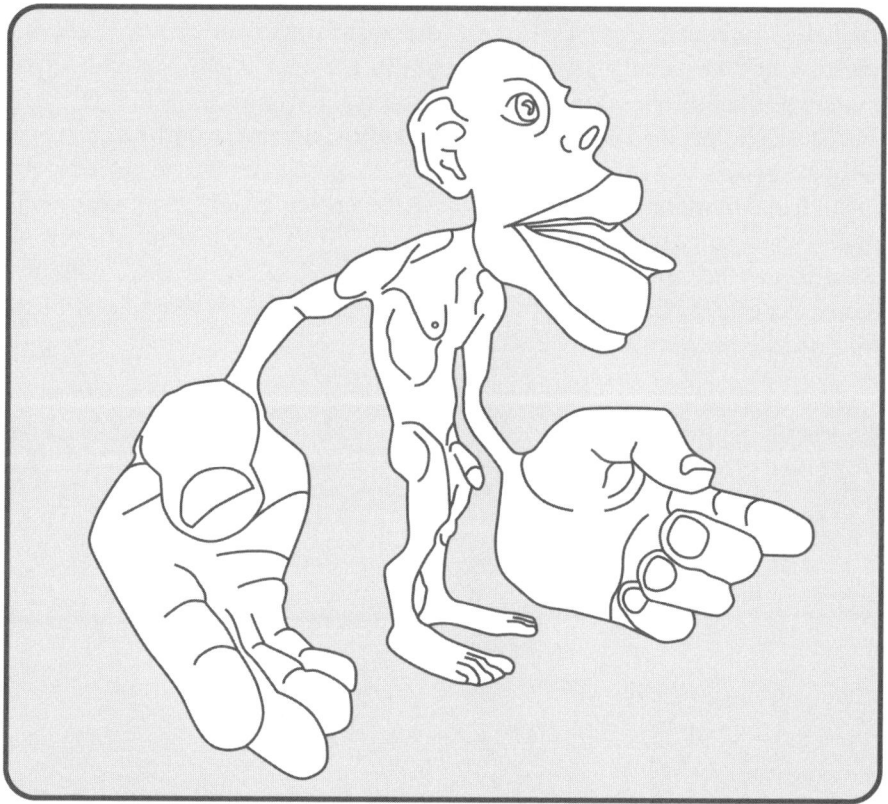

Abb. 33: Der so genannte Homunculus Penfield zeigt, wie wichtig die verschiedenen Körperregionen im Gehirn sind.

Die Hände und der Mund scheinen besonders wichtig zu sein. Schaut man sich an, wie Kleinkinder mit Dingen umgehen, sehen wir genau diese beiden Prinzipien am Werk: Über den Umgang mit den Händen, das „Be-greifen" und das in den Mund stecken, lernt der Autopilot implizit, was die

Dinge bedeuten. Speziell die Hände spielen in dieser neuronalen Körperkarte eine herausragende Rolle. Im Vergleich etwa zu den Armen werden die Hände durch besonders viele Nervenzellen repräsentiert. Wir nehmen über die Hände also besonders differenziert und feingliedrig wahr.

Auch der Umgang mit Produkten ist für das Gehirn ein wichtiges Signal für die Entschlüsselung der impliziten Codes.

Der Umgang mit dem Produkt, das Handling, ist für den Autopiloten ebenfalls ein Signal und kann somit auch mentale Konzepte aktivieren, wie wir gleich sehen werden. Das gilt aber nicht nur für die Hände. In einem Experiment sollten Probanden im Hirnscanner die Worte „Kick", „Pick" und „Lick" lesen. Jedes dieser Verben ist im Gehirn mit einem anderen Körperteil verbunden. Was passiert nun? Das reine Lesen der Worte aktiviert im Gehirn das jeweilige motorische Areal: Lesen wir „Lick", wird das Areal aktiviert, das unsere Zunge steuert, bei „Kick" ist es das Areal, das für unsere Beine und Füße zuständig ist und bei „Pick" ist es das Areal, das die Hände steuert (siehe Abb. 34).

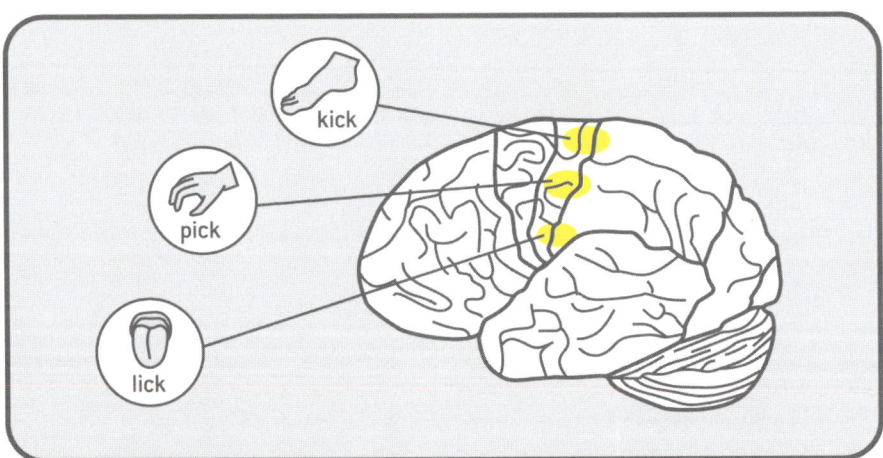

Abb. 34: Der Körper liest mit. Darstellung nach einem Experiment von Hauck, Johnsrude und Pulvermuller.

Der konkrete Umgang mit dem Produkt und die körperlichen Handlungen enthalten ein großes Differenzierungspotenzial und bieten einen wichtigen Zugang, um die impliziten Codes der Produkte zu entschlüsseln.

Fingerbewegungen sind implizite Codes

Denken wir uns folgendes Produkt: Ein Handy, genauer gesagt ein Smartphone, mit dem man telefonieren, SMS schreiben und MMS senden kann, es hat eine Kamera mit 3 Megapixel, man kann damit ins Internet gehen, Mails abrufen und MP3 hören. Es sieht stylish aus, ist relativ groß, einfach zu bedienen und hat eine geringere Akkulaufzeit im Vergleich zum Wettbewerb. Es ist fast doppelt so teuer wie der Durchschnitt und man ist an einen bestimmten Provider gebunden. Würde man das kaufen wollen? Nicht wirklich. Wie einzigartig ist das Produkt bis jetzt? Gar nicht. Denn das sind alles generische Eigenschaften, die jedes Smartphone bedienen muss, und dann ist es noch fast doppelt so teuer.

Es handelt sich hier jedoch um eines der erfolgreichsten Produkte der letzten Jahre: das iPhone. Die Markteinführung des ersten iPhones war 2007 und bislang hat Apple 50 Millionen Exemplare verkauft und hält damit von Null kommend derzeit weltweit ca. 15 Prozent Marktanteil im Smartphone-Markt. Ja, es ist von Apple, aber Menschen kaufen das iPhone, weil sie ein Handy wollen und weniger, weil sie für so einen hohen Preis ein nettes Marken-Accessoire von Apple brauchen. Natürlich ist die Marke wichtig, aber sie alleine kann es auch nicht richten, wenn das Produkt nicht stimmig ist. Es gibt ja auch nicht wenige Produktflops von Apple. Das iPhone ist schön, das sind andere Smartphones aber auch. Und andere sind ebenfalls einfach zu bedienen. Und nicht nur der Abverkauf erstaunt, sondern auch das Nutzungsverhalten. Warum wird mit dem iPhone so viel mehr gespielt? Warum zeigen sich Geschäftsleute gegenseitig neue „Apps"? Und vor allem: Warum tun sie das nicht mit ihrem Blackberry, denn möglich wäre es?

Das iPhone hat keine wirklich differenzierenden Produktfunktionen, aber es ändert doch das Verhalten der Kunden enorm. Neben der Tatsache, dass es von Apple ist, sind der Touchscreen und die Bedienung mit dem Finger der Hauptunterschied. Aber kann es sein, dass die Bedienung über den Touchscreen so einen Einfluss hat? Ist es nicht egal, ob die Bedienung per Daumen oder mit dem Stift erfolgt? Wir haben gesehen, dass das mentale Pendel nicht nur über die Sinne, sondern auch über Handlungen angestoßen werden kann. Auch der Umgang mit dem Produkt stößt mentale Konzepte an und ist deshalb genauso ein impliziter Code wie die Farbe, die Form oder der Duft. Fingerbewegungen aktivieren im Autopiloten also andere Konzepte als die Bedienung mit dem Stift. Und diese unterschiedlichen Codes führen in der Konsequenz zu anderem Verhalten. Dazu passt, dass

Apple sich die Fingerbewegungen des iPhones und des iPads hat patentieren lassen. Was ist der Code des iPhones?

Anregung: *Betrachten Sie, bevor Sie weiterlesen, die Fingerbewegung auf den Bildern. Machen Sie sie nach und stellen Sie sich folgende Fragen: „Woher kenne ich das?" „Wann mache ich diese Bewegung sonst prototypischerweise?" „In welchen Situationen tue ich das so oder habe ich das so getan?"* (siehe Abb. 35).

Abb. 35: So nutzen Menschen typischerweise ihr Apple iPhone. Das Blättern, Scrollen und Bestätigen übernimmt der Zeigefinger.

Die impliziten Codes des iPhones

Die erste typische Fingerbewegung bei der Bedienung des iPhones ist eine Art Blättern: Wir bewegen unseren Zeigefinger als würden wir zum Beispiel Karten mit Schwung über einen Tisch schieben. So machen es zumindest die meisten iPhone-Besitzer beim Blättern. Was für eine Art von Blättern ist das? Was wird sonst so geblättert, woher kennen wir das? Das geschieht zwar implizit, wir kriegen das ja nicht mit, aber wir haben gesehen, dass schon so etwas Einfaches wie ein Produkt über das Auge wahrzunehmen, sehr viele Schritte im Autopiloten involviert, von denen wir keinen bewusst mitbekommen. Schauen wir nochmals auf die Fingerbewegung: Blättern wir so eher ein Buch oder ein Magazin? Die meisten Personen assoziieren damit eher das Blättern dünner, flexibler und leichter Seiten. Beim Umblättern schwerer Seiten nehmen wir normalerweise den Daumen mit hinzu. Es ist also eher ein Magazin.

Wir haben schon gesehen, dass unser Gehirn auch Handlungen zur Erkennung nutzt. Der Autopilot ist nun Spezialist darin, sofort alles zu aktivieren, was wir mit dieser Handbewegung assoziieren. Das dahinterliegende Lerngesetz ist wiederum: „What fires together wires together". Wenn wir eine Handbewegung durchführen wie beim Durchblättern eines Magazins oder einer Zeitschrift, werden über eine Rekodierung implizit die dahinterliegenden, mentalen Konzepte aktiviert, die wir beim Lesen von Magazinen haben, genau wie bei der Form des Weinglases oder dem Duft von Kaffee. Wann lesen wir *Gala* oder *Bunte*, was sind das für Situationen, die mit dieser Art von Fingerbewegung verknüpft sind? Vielleicht ein Friseurbesuch, Ablenkung beim Flug oder leichte Unterhaltung in der Badewanne. Das Pendel wird angestoßen und die Verknüpfung erfolgt unmittelbar und kausal. Welche Verknüpfungen sind das bei der Fingerbewegung beim Bedienen des iPhones? Konzentriertes Arbeiten? Nein, es ist eher „Zerstreuung" und „kurzweilige Unterhaltung".

Die zweite typische Handlung ist das Scrollen mit dem Zeigefinger. Der Zeigefinger wird auf den Touchscreen aufgesetzt, dann nach hinten gezogen. Nach einer kurzen Strecke wird der Zeigefinger eingerollt und die Hand entfernt sich leicht vom Touchscreen. Welches mentale Konzept wird mit dieser Handlung aktiviert? Um den Code zu entschlüsseln, müssen wir uns hier die Frage stellen, die auch der Autopilot im Kopf nutzt: „Woher kenne ich das?", also die prototypischen Dinge, die wir damit assoziieren. Diese Art der Fingerbewegung führen wir vor allem dann aus, wenn wir etwas drehen – etwa an einem Rädchen. Die Art, wie wir drehen, zeigt uns, dass sich das Rad noch etwas nachdreht (so wie es das iPhone auch macht). Wenn wir kontrollieren wollen, wo das Rad stoppt, dann rollen wir den Zeigefinger nicht so weit ein, weil wir ja schnell stoppen wollen. Wir lassen das Rad hier etwas laufen und wissen nicht genau, wo es zum stoppen kommt. Es ist also implizit eine Art Überraschung enthalten, wie zum Beispiel beim Spielautomaten. Beobachtet man Kinder, dann sieht man, dass diese Bewegung an Spielrädchen durchgeführt wird – erst mit der ganzen Hand, später mit dem Zeigefinger. Zusammengefasst werden also die Konzepte „Spielen" und „Überraschung" aktiviert.

Eine weitere prototypische Art der Benutzung ist das Tippen mit der Fingerspitze. Der Finger wird entweder leicht gehoben oder leicht gebeugt, um dann denjenigen Bereich auf dem Touchscreen zu berühren, den man aktivieren will. Wann tun wir dies sonst so, woher kennt unser Gehirn dieses Handlungsmuster? Wenn wir auf etwas zeigen, einen Weg weisen oder etwas in Gang setzen. Oder aber bei der Bedienung der Computermaus. Beides ist mit Richtung oder Aktivierung gekoppelt. Wenn wir im Internet auf etwas klicken, dann wollen wir dorthin oder aber wir wollen es aktivieren. „Richtung" und „Start" werden also auch implizit aktiviert.

Neben aller technischen Funktionalität des iPhones ist seine Bedienung ein Code für Zerstreuung, leichte Unterhaltung, Spiel, Überraschung, Start und Richtung. Kein Wunder, dass Apple sich diese Codes hat patentieren lassen, denn sie sind wesentliche Treiber des Erfolgs. Beobachtet man Nutzer des iPhones, kann man genau diese Arten der Nutzung erkennen. Es ist Spiel und nicht Arbeit. Das Blackberry hingegen wird mit dem Daumen bedient (siehe Abb. 36).

Wann benutzen wir den Daumen? Wenn wir Kraft benötigen und etwas kontrolliert drehen wollen, wie zum Beispiel ein Zahlenschloss. Hier stehen also „Kontrolle" und „Arbeit" im Vordergrund. Das implizite Wechselspiel zwischen der physischen und der dahinterliegenden, meist impliziten Ebene sowie dem daraus resultierenden Verhalten funktioniert genauso wie im Beispiel mit dem sauberen oder schmutzigen Briefkasten, nur dass hier kein sensorisches Signal, sondern Handlung das Verhalten anstößt (siehe Abb. 37).

Vor diesem Hintergrund ist die Inszenierung der Handhabung in den Werbespots zum iPhone nicht nur eine kreative Idee, sondern sie stellt den

Abb. 36: Das Blackberry von RIM wird typischerweise mit beiden Händen gehalten und mit dem Daumen bedient.

Zerstreuung, leichte Unterhaltung,
Spiel, Start, Richtung

Kraft, Stabilität,
Kontrolle, Arbeit

Abb. 37: iPhone und Blackberry stoßen aufgrund der unterschiedlichen Art der Benutzung andere mentale Konzepte an.

eigentlich differenzierenden Code des Produktes in den Mittelpunkt. Die Spots zeigen die Fingerbewegung, bringen so das Pendel zum Schwingen und aktivieren unmittelbar die mentalen Konzepte, die mit dem Produkt konsumiert werden können.

73

==Alles, was wir mit Produkten tun, im Kleinen wie im Großen, jede Handlung, die wir im Zusammenhang mit der Produktnutzung ausführen, ist ein Signal, das mentale Konzepte aktivieren kann und bietet damit Chancen zur Differenzierung.==

Embodiment:
Der Körper ist die Leitplanke für das Denken

Die Erkenntnisse darüber, wie wir über Handlungen Gegenstände erkennen, sind erst einmal gewöhnungsbedürftig. In diesem Exkurs wollen wir kurz die weiterreichenden Erkenntnisse dieser so genannten Embodiment-Forschung aufzeigen. Sie ist hoch aktuell und von sehr großer wissenschaftlicher Bedeutung für die Linguistik, die Kulturwissenschaft, die Neuro- und Kognitionswissenschaften bis hin zur Künstlichen Intelligenz und zur Philosophie. Vor allem aber zeigt diese Embodiment-Forschung noch einmal, wie eng die beiden Ebenen im Gehirn miteinander verknüpft sind.

Unsere Handlungen können unser Denken verändern und unsere Erinnerungen beeinflussen. Unser Körper und sein Aufbau bestimmt nach diesen Erkenntnissen zum Embodiment sogar, was wir denken können. Wir wissen zum Beispiel, dass Schwarz unter anderem ein Signal für das Böse und für Tod ist. Die Starwars-Figur Darth Vader trägt schwarz, aber es gibt keine gute Fee, die schwarz trägt. Warum ist das eigentlich so? Der Grund liegt in der Struktur unseres Körpers. Die erste visuelle Wahrnehmung eines Neugeborenen ist das Hell-Dunkel-Sehen. Das ist die erste Unterscheidung, die unser Autopilot machen kann. Die erste Art, wie wir die Welt einteilen. Und diese Einteilung bleibt bestehen. Wir machen schon sehr früh die physische Erfahrung, dass wir im Dunkeln nichts sehen und damit Gefahren verbunden sind. Stellen wir uns vor, unser Erleben wäre anders und wir würden im Dunkeln sehen. Wenn wir nicht nur Augen hätten, sondern auch ein Sonar wie eine Fledermaus, dann wäre Dunkelheit keine Grenze mehr für uns gewesen. Im Dunkeln hätten wir keine Angst haben müssen. Die Gefahr besteht ja dadurch, dass wir im Dunkeln nichts sehen und uns deshalb leicht verletzen oder verlaufen können. Wir hätten also keine Koppelung zwischen Dunkelheit und Gefahr. Und wir würden die Welt dann auch anders strukturieren.

Wie Handlungen implizit das Denken beeinflussen, zeigt auch eine Studie der Universität Toronto. Die Forscher brachten Probanden unter einem Vorwand dazu, ein paar Schritte zurückzugehen. Eine andere Gruppe wurde unter einem Vorwand dazu gebracht, ein paar Schritte nach vorne zu gehen. Anschließend wurde ein Konzentrationstest durchgeführt. Dabei zeigte sich, dass die „Rückwärtsgeher" signifikant bessere Ergebnisse erzielten, sie waren also genauer und konzentrierter.

In einem anderen Experiment sollten sich die Probanden an positive Erlebnisse erinnern. Eine Gruppe musste dabei die Arme nach unten führen, die andere sollte sie nach oben strecken, beides unter einem Vorwand. Sie wurden gebeten, beim Erinnern ein Regal zu befüllen. Dabei war das Regal so angebracht, dass die Probanden ihre Arme entweder nach oben oder nach unten strecken mussten. Das Erstaunliche: Die Teilnehmer, die nach oben griffen, hatten sehr viel positivere Erinnerungen als die anderen. Und auch diese Zusammenhänge finden ihre Entsprechung in der Sprache. „Kopf hoch" muntert auf, „Down sein" ist das Gegenteil, „nach oben kommen" ist die Entwicklung hin zu etwas Besserem und auch „die da oben" bezeichnet eine Elite.

Die Embodiment-Forschung zeigt eindrücklich, wie in unserem Gehirn die physische und die mentale Ebene untrennbar miteinander verbunden sind. Und das ist so entscheidend, weil wir die beiden Ebenen verknüpfen müssen, wenn wir Produkte relevant, differenzierend und glaubwürdig vermarkten wollen. Der Berkeley-Linguist George Lakoff sagt dazu:

„Wir können nicht einfach irgendetwas denken – sondern nur, was unsere ‚embodied brains' erlauben."

Für das Marketing bieten diese Erkenntnisse einen neuen und hilfreichen Zugang zu den Entscheidungsregeln der Konsumenten.

In der Wissenschaft geht Embodiment noch weiter: Sie zeigt, dass unsere Handlungen, der Aufbau unseres Körpers, seine Rezeptoren und die Bewegungen, die wir ausführen, unsere mentale Welt bis hin zur Sprache stark beeinflusst.

Tipp: Auf der Webseite zu diesem Buch finden Sie viele weitere Informationen zum Thema Embodiment, zum Beispiel über die Auswirkung unseres Körpers auf unsere Sprache.

Über Embodiment den Code entschlüsseln: Fallbeispiel Tropicana

Ein wichtiger Aspekt von Embodiment im Marketing ist, dass Produkte unterschiedlich in die Hand genommen und damit unterschiedliche implizite Konzepte aktiviert werden. Mit welchen Konzepten Handgriffe prinzipiell verbunden sind, haben Neuropsychologen untersucht. Die folgende Grafik zeigt die prototypischen Handgriffe, wofür sie stehen und, was sie dem Autopiloten übermitteln (siehe Abb. 38).

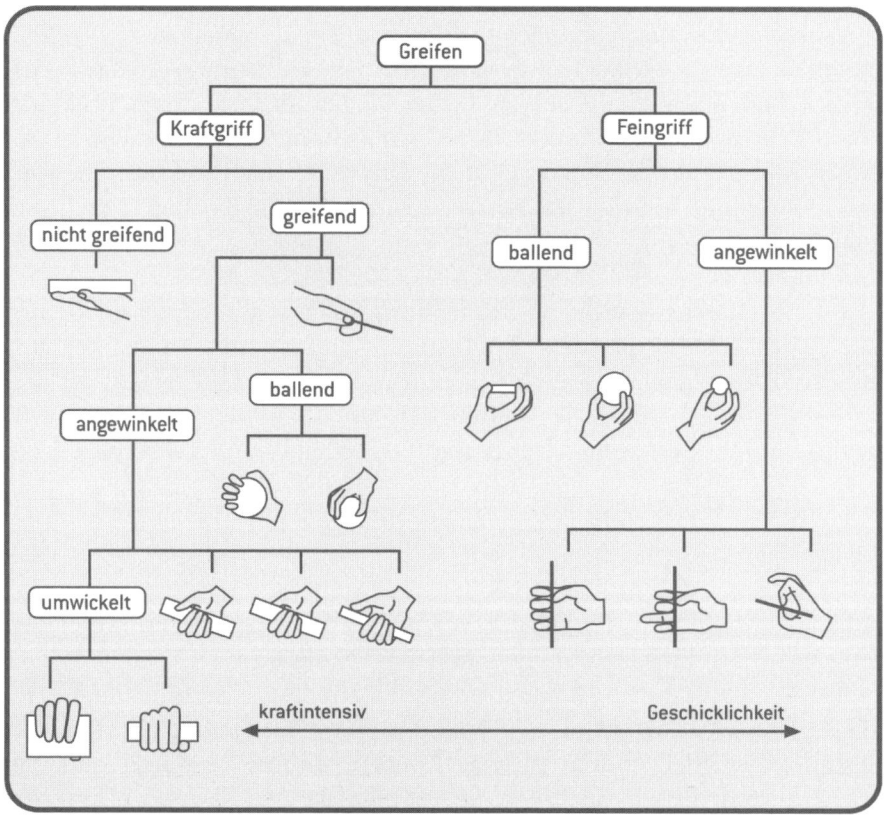

Abb. 38: Menschen greifen auf unterschiedliche Arten. Elementar ist die Unterscheidung von Kraft- und Feingriffen.

Anregung: *Betrachten Sie die folgende Anzeige von Nespresso und betrachten Sie nur die Handhaltung von George Clooney. Welches mentale Konzept ist in ihr kodiert (siehe Abb. 39)?*

Abb. 39: George Clooney in einer Anzeige der Marke Nespresso. Über die Handhaltung kommuniziert Nespresso hier Kultiviertheit und Feinheit.

Schauen wir uns vor diesem Hintergrund noch einmal die beiden Tropicana-Verpackungen an (siehe Abb. 40). Wir haben gesehen, dass unser Gehirn nicht nur die Orange oder das Glas erkennt, sondern auch den Umgang damit simuliert. Die Orange würden wir wie eine Kugel halten, nicht ganz unten, sondern etwas seitlich, denn wir wollen ja auch aus dem Strohhalm trinken. Es ist also ein fester, zupackender Griff. Der Fachbegriff dafür ist „Kraftgriff". Das Glas auf der neuen Verpackung löst eine völlig andere Handlung aus. Wir würden das Glas mit Zeigefinger, Mittelfinger und Daumen nehmen – einen eher leichten, filigranen, präziseren Griff anwenden. Wissenschaftler sprechen hier von einem „Feingriff".

Neuropsychologisch ist der Wechsel von der Orange zum Glas keine Frage des Geschmacks oder der Ästhetik, sondern es werden zwei ganz unterschiedliche Pendel angestoßen und damit sehr unterschiedliche mentale

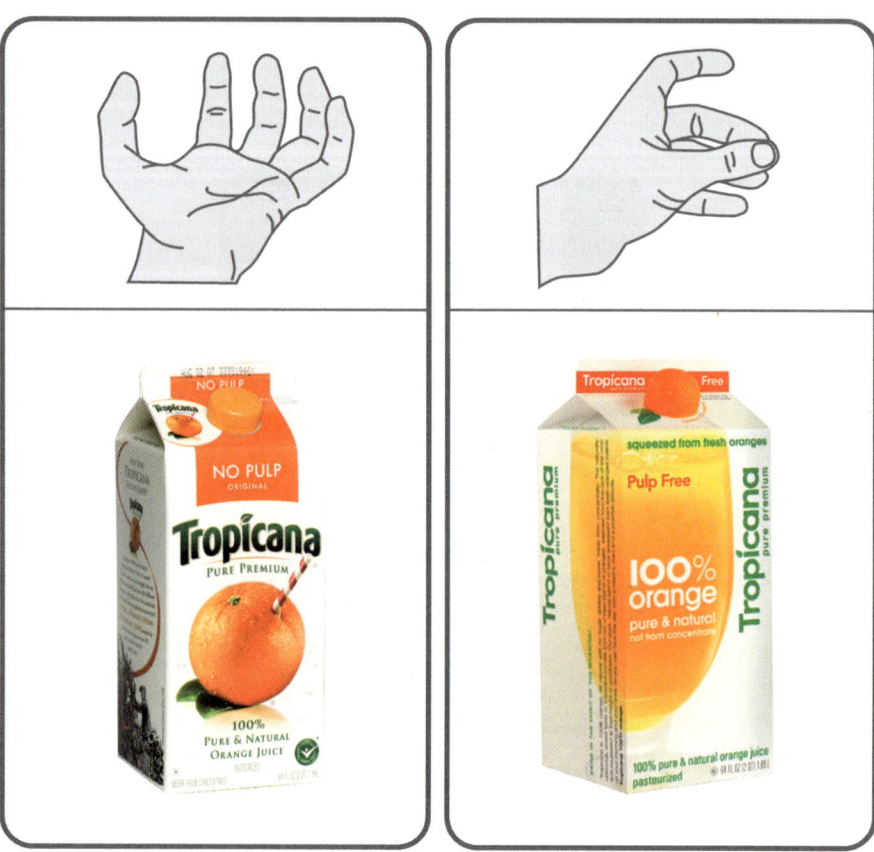

Abb. 40: Die Orange auf der ursprünglichen Tropicana-Verpackung links sagt unserem Gehirn, wie wir sie in die Hand nehmen würden: kraftvoll. Rechts dagegen ist ein „Feingriff".

Konzepte aktiviert. Das Ergebnis haben wir schon gesehen: ein Verlust eines zweistelligen Millionenbetrags. Würde man Konsumenten fragen, um was für ein Produkt es sich handelt, wäre bei beiden Verpackungen die Antwort klar: Es ist ein Orangensaft. Es ist ja noch dasselbe Produkt. Konsumenten könnten auch beurteilen, welche Verpackung hochwertiger aussieht und welche der beiden Verpackungen besser gefällt. Nach der Kaufintention gefragt, würden sicher auch viele die neue, modernere Variante bevorzugen, da sie für sie schöner wirkt.

Es geht aber nicht darum, ob die neue Verpackung schöner, moderner oder emotionaler ist. Es geht einzig darum, welches mentale Konzept im Autopiloten implizit aktiviert wird und ob dieses Konzept relevant ist oder nicht. Tropicana hat mit der neuen Verpackung das Konzept „Besonderheit" aktiviert und das ursprünglich vorhandene Konzept „Alltagstauglichkeit" verloren. Explizit ist es noch dasselbe Produkt, implizit aber kommuniziert die neue Verpackung ein völlig anderes Konzept (siehe Abb. 41).

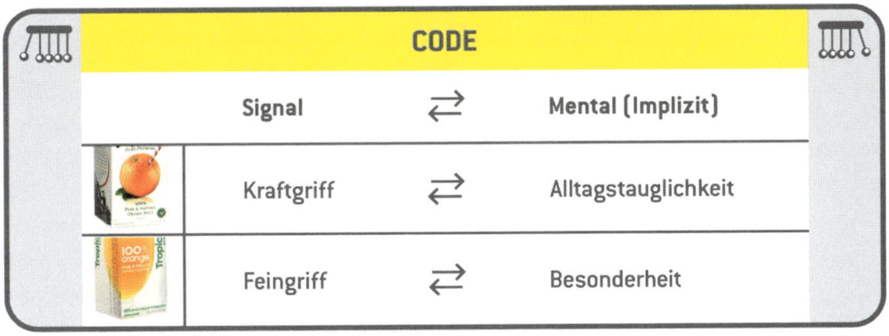

Abb. 41: Die Tropicana-Verpackungen tragen unterschiedliche Codes in sich und aktivieren dadurch unterschiedliche mentale Konzepte.

Es geht dabei weniger darum, dass der Misserfolg von Tropicana jetzt nur über diesen Vorgang erklärt werden kann. Der Punkt ist vielmehr, dass wir hier ein ganz allgemeines und sehr hilfreiches Prinzip sehen, wie das Gehirn die impliziten Codes unserer Produkte entschlüsselt. Schauen wir uns ein weiteres Beispiel dazu an. Das folgende Bild zeigt die Kappe eines Deos (siehe Abb. 42). Dieses Deo ist speziell für Männer konzipiert. Es ist silberfarben und die Verpackung enthält Wörter wie Power und Dynamic. Wenn wir uns nun aber anschauen, wie die Kappe des Deos geöffnet wird, dann ist von Kraft und Dynamik nichts zu sehen. Hier passen die motorischen Eigenschaften nicht zu den typisch männlichen Konzepten wie Kraft und Dynamik. Hier fehlt die Glaubwürdigkeit dafür, ein Deo für Männer zu sein.

==Es gibt neben dem sensorischen Input auch motorischen Input. Beide sind mit mentalen Konzepten verbunden und sind deshalb für Relevanz, Differenzierung und Glaubwürdigkeit entscheidend. Die Handlung ist ein wichtiger Zugang zur Entschlüsselung der Codes von Produkten.==

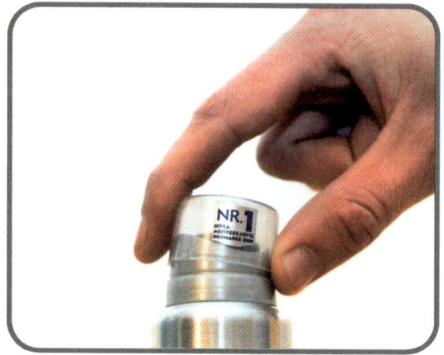

Abb. 42: Der Handgriff beim Öffnen des Deos ist eher feinmotorisch und nicht prototypisch für maskuline Handlungen.

Den Code über das Verhalten entschlüsseln

Die Embodiment-Perspektive zeigt: Wir müssen uns den Umgang der Kunden mit unseren Produkten viel genauer anschauen, was genau sie tun und wie sie es tun. Denn diese Handlungen aktivieren im Autopiloten mentale Konzepte und haben so Einfluss auf Kaufverhalten und Nutzungsverhalten. Dabei zählen aber nicht nur Bewegungen mit den Fingern oder der ganzen Hand wie beim iPhone und Tropicana, sondern alles, was Kunden zu Hause tun, auch größere Handlungssequenzen. Stellen wir uns vor, wir wollen Fertiggerichte international vermarkten und deshalb verstehen, was der Code der Mikrowelle in Deutschland und in den USA ist. Das rechte Bild zeigt eine typische deutsche Küche und das linke Bild eine typische Küche in den USA. Was ist der implizite Code für Mikrowelle in den beiden Ländern (siehe Abb. 43)?

Anregung: *Beschreiben Sie, wo im Raum die Mikrowelle steht. Als Hilfestellung stellen Sie sich vor, Sie würden es jemandem beschreiben, der das Bild nicht vor sich hat. Welche mentalen Konzepte sind in der Beschreibung enthalten?*

Was können wir wahrnehmen und was sagt dies über die Handlungen aus? Wo wurde die Mikrowelle hingestellt? Wie sieht sie aus? Wie sieht sie im Vergleich zu den anderen Elementen der Küche aus? Wo stehen die anderen Dinge? In amerikanischen Küchen steht die Mikrowelle über dem Herd

Abb. 43: In amerikanischen Küchen bekommt die Mikrowelle durch ihre Positionierung einen anderen Stellenwert als in deutschen Küchen.

und dem Backofen. Der Kühlschrank ist in Reichweite. Mikrowelle, Herd und Kühlschrank haben die gleiche Farbe, sie sind aus Metall. Das signalisiert, dass sie zusammengehören.

In Deutschland ergibt sich ein anderes Bild. Zum einen ist die Mikrowelle nicht eingebaut, sie ist also nicht fester Bestandteil der Küche. Sie wurde separat angeschafft und sie steht in der Ecke auf der Arbeitsplatte. Die Mikrowelle hat auch eine andere Farbe als der Herd. Die Position zeigt uns, dass die Mikrowelle und der Herd nicht zusammengehören. Was bedeutet das? Der Herd steht definitiv für Kochen, die Mikrowelle ist aber weit davon entfernt platziert. Die Mikrowelle steht in Deutschlands Küchen oft in der Ecke. Und diese Distanz ist ein Code, denn räumliche und mentale Distanz sind, wie wir schon wissen, im Gehirn eng verkoppelt.

Im übertragenen Sinne hat die Mikrowelle in Deutschland also nichts mit Kochen zu tun. Und genau das ist der Fall. In den USA ist die Zubereitung mit der Mikrowelle eine Art von Kochen, in Deutschland nicht. In den USA bekommen Kinder für die Spielküche eine Mikrowelle geschenkt und als dazugehöriges Essen ist Gemüse im Spielset beigefügt. Das ist in Deutschland nur schwer vorstellbar. In Deutschland wird das Essen schützend abgedeckt, Kindern müssen sich fernhalten. Mikrowellen sind gefährlich, sie erwärmen das Essen, aber töten es auch, etwa wenn wir sie zum Abtöten von Keimen bei Schnullern nutzen. In den USA dagegen macht die Mikrowelle das Essen erst lebendig. Es wird aus dem Gefrierschrank geholt und in der Mikrowelle wiederbelebt.

Es mag noch sehr viel mehr Dinge geben, die für den Code von Mikrowellen wichtig sind. Das Beispiel soll zeigen, dass wir über die Perspektive der Handlungen einen neuen Zugang zu den Codes von Produkten erschließen können. Statt der Meinung der Kunden steht hier ihr Verhalten im Zentrum der Analyse. Eine Möglichkeit, das Prinzip „Handlung statt Meinung" umzusetzen, ist, bei Fokusgruppen zu neuen Produkten den Moderator wegzulassen und das Produkt für sich sprechen zu lassen, wie im Zitat des Design-Experten Dieter Rams eingangs zu diesem Kapitel angedeutet. Was tun die Kunden mit dem Produkt, wie fassen sie es an, worüber sprechen sie? Richtig interpretiert ergeben sich nach unserer Erfahrung daraus hilfreiche Hinweise über die Codes eines Produktes.

==Wir müssen den Umgang mit Produkten weiter fassen, um dadurch einen Zugang zu ihren Codes zu bekommen.==

Sensorik und Motorik bringen das Pendel zum Schwingen

Lange ging man davon aus, dass Wahrnehmung und Handlung völlig getrennt im Gehirn ablaufen. Heute wissen wir aber, dass Wahrnehmung in erster Linie für Handlung da ist („Perception for Action"). Man unterscheidet in der Neurowissenschaft entsprechend zwei große Datenströme im Gehirn: Der eine sagt uns, was das Produkt ist („Was"-Pfad, Sensorik), der andere sagt uns, was wir mit dem Produkt tun können („Wie"-Pfad, Motorik). Das Gehirn nutzt immer beide Informationen, um den Code eines Produktes zu entschlüsseln, denn das Produkt sagt uns über diese beiden Wege, welche Konzepte wir damit implizit konsumieren können. Das Pendel kann also durch zwei Wege angestoßen werden: 1. durch sensorischen Input und 2. durch motorischen Input (siehe Abb. 44).

Der Input für das Stirnhirn

Wir haben bereits gesehen, dass im Stirnhirn die Rekodierung statt-
findet, d. h. der sensorische und motorische Input wird hier in Mentales
umgewandelt. Auf beiden Seiten haben wir sich entsprechende physische und mentale Ebenen wie die folgende Überblicksgrafik zeigt.
Die Grafik ist dem Standardwerk zum Stirnhirn von Joaquin Fuster,
Professor an der University of California, entnommen.

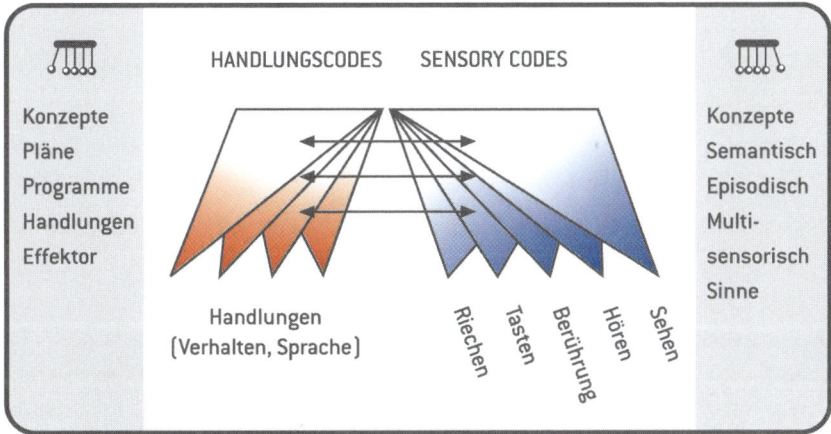

Abb. 45: Darstellung nach Joaquin Fuster.

Wie die Grafik zeigt, gibt es im Gehirn zwei große Stränge: einen von
den Sinnen ins Gehirn und einen von unseren Handlungen (z. B. Fingerbewegungen) ins Gehirn. Ganz „oben" stehen die mentalen Konzepte,
als höchste Ebene, die aber direkt mit den darunterliegenden Ebenen
verknüpft sind. Wir sehen also, dass die Metapher des Newton-Pendels
eine neuronale Entsprechung hat, genauso ist unser Gehirn aufgebaut.
Es geht in beide Richtungen und die Ebenen sind systematisch auf-
einander aufgebaut. Es handelt sich hier also um spezialisierte Netz-
werke, die eng kooperieren, um unser Verhalten zu steuern.

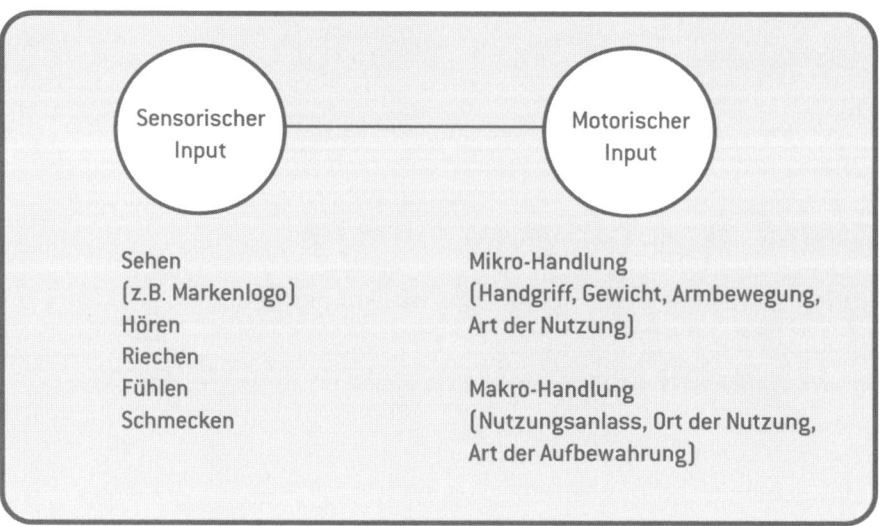

Abb. 44: Unser Gehirn erhält zweifachen Input: Zum einen über unsere Sinne, zum anderen über unsere Handlungen.

Die wesentlichen Punkte dieses Kapitels auf einen Blick:

- Der Umgang mit Produkten, das Embodiment, ist für das Gehirn ein wichtiges Signal für die Entschlüsselung der Codes.
- Alles, was wir mit Produkten tun, im Kleinen wie im Großen, jede Handlung, die wir im Zusammenhang mit der Produktnutzung ausführen, ist ein Signal, das mentale Konzepte aktivieren kann.
- Es gibt neben dem sensorischen Input durch das Embodiment auch motorischen Input im Gehirn. Beide Arten von Input sind mit mentalen Konzepten verbunden und sind deshalb für Relevanz, Differenzierung und Glaubwürdigkeit entscheidend.

Ziele: Vom Konzept zum Kauf

„Jeder Moment unseres Alltags ist auf Ziele hin ausgerichtet und wird von Zielen bestimmt – ob wir uns dessen bewusst sind oder nicht."
Claude Stelle

Was Sie in diesem Kapitel erwartet: Bislang haben wir uns angeschaut, wie das Gehirn über die Sinne und Handlungen den impliziten Code von Produkten entschlüsselt. Das Gehirn weiß jetzt, was ein Produkt auch im übertragenen Sinne ist und was wir damit tun können. Der nächste und entscheidende Schritt ist nun, wie daraus eine Kaufentscheidung erfolgt. Was also führt letztendlich zum Kauf? Um diese Frage beantworten zu können, müssen wir uns anschauen, wie das Gehirn die Relevanz von Signalen entschlüsselt und wie daraus Verhalten entsteht. Dabei ergibt sich ein schärferer und vor allem hilfreicher Blick auf die Frage, warum Kunden unsere Produkte kaufen. Die nachfolgenden Kapitel werden dann zeigen, wie wir diese Erkenntnisse gewinnbringend für die Markenstrategie, die systematische Umsetzung der Strategie an allen Kontaktpunkten, aber auch bei der Innovation und Produktentwicklung nutzen können.

Ziele bestimmen unsere Kaufentscheidung

Wir haben in den letzten Kapiteln gesehen, wie Produkte über ihre Signale automatisch und implizit mentale Konzepte aktivieren und wie das unser Verhalten beeinflusst und steuert. Wenn wir aber nun durch den Supermarkt laufen, aktivieren all die Signale jeder Verpackung und jedes Displays mentale Konzepte. Es werden sehr viele mentale Pendel aktiviert, aber wie wählen wir aus? Wir kaufen ja nicht alles. Wir sind weit davon entfernt, Reiz-Reaktionsmaschinen zu sein, die jedem Signal gehorchen, das wir sehen. Wie aber funktioniert dieser Schritt? Wie wählen wir unter den Alternativen aus? Wie treffen wir eine Entscheidung? Was führt zum Kauf?

Wenn wir uns noch einmal die Beispiele vergegenwärtigen, die wir in den bisherigen Kapiteln kennen gelernt haben, dann wird deutlich: Es gibt klare, wenn auch meist implizite und intuitive Regeln, wann wir etwas nutzen, wann nicht und wofür wir es nutzen. Es ist kein Zufall, aus welchem Glas wir den Wein trinken oder welchen Kaffee wir servieren. Wenn wir Gemeinschaft und Wertschätzung wollen, dann wählen wir den Pulverkaffee, aber wenn es schnell gehen soll, nehmen wir eher den löslichen Kaffee. Wenn es um Trost geht, kochen wir einen Pudding, aber wenn es um Frische geht, essen wir lieber einen Joghurt. Wenn wir Status konsumieren wollen, dann entscheiden wir uns für einen SUV, aber im Urlaub mieten wir uns vielleicht ein kleines Cabrio, weil wir Entspannung und Freiheit wollen. Wenn wir bei der Nutzung unseres Smartphones Kontrolle und Effizienz wollen, dann wählen wir das Blackberry. Wollen wir unseren strengen Alltag etwas leichter und spielerischer gestalten, entscheiden wir uns für das iPhone. Wenn wir unsere Liebe ausdrücken wollen, schenken wir eine Rose, wenn es Freundschaft sein soll, eine Sonnenblume. Die Reihe ist endlos. Sie zeigt die Sprache unserer Produkte und die dahinterliegende Regelhaftigkeit.

Wir haben also eine Absicht, wir verfolgen ein bestimmtes Ziel und wählen das Produkt und diejenige Marke aus, die am besten zu diesem Ziel passt. Das erfolgt intuitiv und überwiegend implizit über den Autopiloten im Kopf, ist aber doch immer zielorientiert. Wir treffen unsere Kaufentscheidung weder rational noch emotional, sondern auf Basis von Zielen.

Ziele sind erwünschte Zustände

Was ist nun genau mit „Ziel" gemeint? Konsumpsychologen nennen drei Ziele, die wir mit Produkten erreichen wollen: „Have, Do, Be". Bei allem, was wir konsumieren, geht es darum, etwas zu haben („Have"), etwas tun zu können („Do") oder etwas zu sein („Be"). Wir wollen den neuen Lippenstift, um attraktiv zu sein, wir wollen den Pudding, um unserem Kind Trost zu spenden, wir wollen einen BMW, um Fahrspaß zu erleben oder wir möchten ein Bier, um unseren Durst zu löschen. Mit allem, was wir tun, wollen wir Ziele erreichen. Wir haben Ziele und kaufen Produkte, mit denen wir diese Ziele erreichen können. Auch wenn wir altruistisch handeln oder anderen Menschen helfen, dann bringt uns dies einem Ziel näher, sonst würden wir es nicht tun. Dabei haben wir natürlich nicht in jeder Situation und in jeder Produktkategorie immer die gleichen Ziele. Im Beruf wollen wir uns durchsetzen und wollen Anerkennung, zu Hause sind Harmonie und Gemeinschaft wichtiger. Wir haben einen Lippenstift für das Ziel „Pflege" und einen für das Ziel „Attraktivität". Wir haben bei einem Auto andere Ziele als beim Waschmittel oder bei der Zahnpasta.

Bei dem Ausgrenzungs-Experiment aus dem ersten Kapitel hatten die Teilnehmer das Ziel, soziale Kälte auszugleichen und wählten die warme Suppe oder den warmen Kaffee, weil diese Produkte zu diesem Ziel am besten passten. Das ist der zentrale Aspekt dessen, wie die Neuropsychologie den Begriff „Ziel" nutzt: Ziele sind erwünschte Zustände, die wir anstreben; sie sind die Ursache unseres Verhaltens – ob in der Freizeit, im Beruf oder zu Hause. Einer der führenden Forscher auf diesem Gebiet, der Psychologie-Professor Ap Dijksterhuis, drückt es in einem Überblicksartikel im Fachjournal *Annual Review of Psychology* so aus:

„Ziele sind Verhaltensweisen oder Ergebnisse von Verhalten, die belohnen."

Ziele haben also etwas mit Belohnung zu tun. Schon länger ist bekannt, dass unser Gehirn aufgrund von erwarteten Belohnungen bzw. erwünschten Zuständen entscheidet. In unserem Buch *Was Marken erfolgreich macht* haben wir das Belohnungssystem im menschlichen Gehirn ausführlich beschrieben. Hier geht es nun darum, diesen zentralen Vorgang im Gehirn schärfer zu fassen. Und dabei hilft der Begriff „Ziel" enorm weiter, wie wir im weiteren Verlauf dieses Buches noch sehen werden.

==Ziele sind erwünschte Zustände und diese zu erreichen, ist belohnend. Wir nutzen Produkte, um diese belohnenden Ziele zu erreichen.==

Eine Studie macht deutlich, wie Ziele unsere Entscheidungen beeinflussen. In einer Studie der Universität Aberdeen bewerteten fast 5000 Frauen von 16 bis 40 Jahren aus 30 überwiegend westlichen Nationen verschiedene Fotos von Männern. Dabei gab es zwei Arten von Männern zur Auswahl: maskuline Männerportraits (z. B. kantige Gesichter, strenge Gesichtszüge) und eher feminin aussehende Männer (z. B. weichere Gesichtsformen). Die

Forscher interessierte nun, ob die gesundheitliche Situation in den Ländern einen Effekt auf die Männerwahl hat. Das Ergebnis: Je niedriger der WHO-Gesundheitsindex einer Nation ist, desto höher ist die Präferenz für maskuline Männer. Es ist bekannt, dass Frauen die genetische Gesundheit eines Mannes mit maskulinen Gesichtszügen verbinden. Und das, obwohl diese Männer eher als unehrlich und unkooperativ eingestuft werden. Das erklärt, warum Frauen aus Ländern mit hohem Entwicklungsstand weniger dazu neigen, maskulin aussehende Männer zu favorisieren. Ihre Gesundheit ist gesichert, sie können sich auf andere, „nachhaltigere" Ziele konzentrieren, zum Beispiel Ehrlichkeit und Kooperativität. Deshalb steigt die Präferenz für weichere Gesichtszüge als Code für diese Eigenschaften. Auch bei der Partnerwahl spielen unsere Ziele also eine entscheidende Rolle, meist implizit.

Eine Studie der Universität Colorado zeigt, wie stark Ziele unsere Urteile und damit unsere Handlungen bestimmen. Probanden sollten sich für eines von zwei Pflanzendüngemitteln entscheiden. Die eine Gruppe sollte dabei das Produkt auswählen, das am einfachsten zu nutzen ist (Ziel: minimaler Aufwand). Die andere Gruppe sollte das Produkt auswählen, welches das beste Ergebnis liefert, also grüne und gesunde Pflanzen (Ziel: Maximierung des Ergebnisses). Es ist bekannt, dass diese beiden Ziele bei Konsumentscheidungen sehr oft eine wichtige Rolle spielen (Satisficing vs. Maximizing).

Beide Produkte unterschieden sich nur in der Beschreibung der Produktnutzung. Die eine Beschreibung passte zum Ziel des geringsten Aufwands („Nutzen Sie eine halbe bis eine Tasse des Düngers"), die andere zum Ziel des perfekten Ergebnisses („Nutzen Sie eine halbe Tasse für Pflanzen, die kleiner als 30 cm sind, für alle größeren Pflanzen nutzen Sie eine ganze Tasse"). Macht es einen Unterschied, ob die Beschreibung des Produktes zum Ziel der Kunden passt? Die Ergebnisse sind sehr deutlich: 82 Prozent derjenigen, die das Ziel „minimaler Aufwand" hatten, wählten das Produkt mit der entsprechenden Beschreibung. Hatten Teilnehmer das Ziel, das perfekte Ergebnis zu erzielen, wählten 90 Prozent das Produkt mit der passenden Beschreibung. Die Beurteilung des Produktes und die Entscheidung hängen also vom Ziel ab, das wir haben, also dem erwünschten Zustand, den wir anstreben.

==Signale und Ziele müssen zusammenpassen, nur dann wird gekauft.==

Die Psychologie der Ziele

Ziele sind aktuell ein sehr heißes Thema in der Forschung, sowohl in der Grundlagenforschung als auch in der Konsumforschung. Der Hauptgrund ist, dass das „Ziel"-Konzept mit das Interessante ist, um menschliches Verhalten zu verstehen. In einem Standardwerk zur Psychologie der Ziele fassen die Herausgeber, die Psychologie-Professoren Gordon Moskowitz und Heidi Grant, die zentralen Erkenntnisse zu den Zielen so zusammen:

1. Ziele sind an Signale in der Umwelt gekoppelt. Sie verbinden die Person mit der Situation, indem sie die Erwünschtheit (Desirability") und die Machbarkeit („Feasibility") bestimmen.
2. Ziele geben Menschen Sinn und ein Gefühl der Kontrolle über ihre Umgebung.
3. Ziele verbinden die Wünsche („Wants") einer Person mit mentalen und realen Handlungen, sie sind Verhaltenstreiber.
4. Ziele werden auch implizit reguliert.

Ziele integrieren also Motivation und Kognition, sie führen zu Verhalten, weil sie dafür sorgen, dass wir erwünschte Zustände anstreben. Weil Ziele diesen Handlungsbezug haben, sind sie auch direkt mit Signalen verknüpft. Neuropsychologisch werden Ziele im Stirnhirn reguliert – hier laufen alle Fäden zusammen. Die Forschung hat ganz klar gezeigt, dass im Gehirn das, was wir früher mit „Emotio" und „Ratio" beschrieben haben, im Stirnhirn integriert wird. Der Grund ist, dass das Stirnhirn unser Verhalten steuert und deshalb entscheiden muss. Gäbe es permanent Widersprüche zwischen „Emotio" und „Ratio" könnten wir nicht effizient entscheiden. Vielmehr ist es so, dass über die Ziele im Stirnhirn Motivation und Kognition integriert werden. Es handelt sich hier also nicht um Gegenspieler, sondern um Teamplayer.

Vom Signal zum Konzept zum Ziel

Wie passen Ziele nun mit dem Wechselspiel zwischen den Produkteigenschaften und den dadurch aktivierten mentalen Konzepten zusammen? Auch hier spielt das Stirnhirn die entscheidende Rolle. Das Stirnhirn operiert mit mentalen Konzepten und hier wird auch entschieden, was wir tun.

Und diese Entscheidung basiert auf unseren Zielen. Unser Gehirn kennt unsere Ziele und wenn uns ein Produkt mit seinen Signalen kommuniziert, dass wir mit ihm dieses Ziel erreichen können, dann fällt die Wahl auf dieses Produkt. Analog zur Tasse simuliert unser Gehirn implizit, wie es wäre, das Produkt oder eine Marke zu nutzen und wenn das zum Ziel passt, dann wollen wir das Produkt haben.

Wir simulieren eine Handlung und gleichen ab, ob das Resultat, die Konsequenz, für uns belohnend ist, d. h. zu unserem Ziel passt. Wenn wir ein Auto der Marke BMW sehen, dann simuliert unser Gehirn intuitiv wie es ist, im BMW zu fahren, wie andere auf uns reagieren werden usw. Und wenn es das ist, was wir wollen, dann wollen wir das Auto dieser Marke haben. Es geht also nicht um die objektive Zielerreichung – niemand wird durch eine Suppe sozial integriert – sondern durch den Kauf bzw. die Nutzung von Produkten machen wir einen Schritt in Richtung Ziel.

Wie stark Ziele implizit unser Verhalten bestimmen, zeigt nicht nur ein Blick in den eigenen Alltag, sondern auch die folgende wissenschaftliche Studie, die nicht im Labor, sondern mit Kunden einer Autowaschanlage durchgeführt wurde. Die Wissenschaftler verteilten 300 Loyalitätskarten an Kunden einer Autowaschanlage. Auf diesen Karten wurde über einen Stempel vermerkt, wie oft der Kunde sein Auto schon gewaschen hatte. Die eine Hälfte der Kunden musste zehn Mal waschen, um eine Autowäsche gratis zu kriegen. Als kleines Geschenk wurden die Karten schon zweimal abgestempelt, es reichten also acht weitere Besuche für eine Gratiswäsche. Die andere Hälfte erhielt eine sehr ähnliche Karte, nur dass nichts abgestempelt war, dafür aber acht Besuche für die Gratiswäsche ausreichten (siehe Abb. 46).

Abb. 46: Bei beiden Loyalitätskarten benötigt man acht Autowäschen, um eine Gratiswäsche zu erhalten. Rechts ist das Ziel aber schon aktiviert.

Man würde vermuten, dass beide Karten zu demselben Ergebnis führen, denn beide Gruppen mussten ja acht Mal kaufen, um in den Genuss einer kostenlosen Autowäsche zu kommen. Es passierte aber etwas ganz Anderes. Eine Auszählung der abgegebenen, vollständig abgestempelten Karten zeigte: Kunden, denen die Karte schon mit zwei Stempeln ausgehändigt wurde, kauften doppelt (!) so oft die zusätzlichen acht Autowäschen bei dieser Waschanlage als die andere Gruppe ohne Stempel am Anfang. Obwohl beide Gruppen objektiv betrachtet nur acht Mal kaufen mussten, um an die Gratiswäsche zu kommen. Was passiert hier? Die Erklärung der Wissenschaftler: Das physische Signal „zwei Stempel" aktiviert implizit das Ziel, die restlichen acht Stempel auch noch zu kriegen. Und das löst dann das entsprechende Verhalten aus, das Ziel wurde bis zur Zielerfüllung umgesetzt. Bei der anderen Gruppe wurde dieses Ziel nicht aktiviert und entsprechend zurückhaltender war ihr Kaufverhalten.

Hier sehen wir die entscheidenden Prinzipien im Stirnhirn am Werk: die Rekodierung vom physischen Signal „zwei Stempel" zum mentalen Ziel „die anderen acht abstempeln". Dieses Ziel wird dann über einen längeren Zeitraum (hier mehrere Monate) verfolgt bis zur Zielerfüllung. Signale können also Ziele und damit Verhalten aktivieren. Wir kennen alle die Situation, wenn wir an der Kasse stehen und warten. Die Süßigkeiten in den Regalen an den Kassen verführen uns, und wir greifen zu. Wie funktioniert das? In der Wissenschaft nennt man dieses Prinzip *Priming*: Signale aktivieren Ziele und wir verhalten uns entsprechend. Der Vorgang funktioniert aber nur unter einer Bedingung: Es darf nicht anderen Zielen entgegenstehen. Wenn wir zum Beispiel abnehmen wollen, werden wir der Versuchung an der Kasse widerstehen. Denn wir sind keine willenlosen Reiz-Reaktionsmaschinen, Signale können uns nur dann beeinflussen, wenn wir das auch wollen oder zulassen.

Der umgekehrte Weg des Pendels funktioniert ebenfalls und ist die Basis für den Placebo-Effekt. Wir erwarten und wünschen uns die Zielerreichung und unser Gehirn sorgt dafür, dass sich die Erwartung auch erfüllt – bis hin zur Blutdruckerhöhung bei einem Placebo-Energydrink.

Es gibt also zwei Wege zur Kaufentscheidung:
1. Ein Signal aktiviert ein mentales Konzept, und wenn das zu unserem Ziel passt, dann kaufen wir.
2. Wir haben ein Ziel und wählen deshalb Produkte, deren Signale und Eigenschaften zu diesem Ziel passen (siehe Abb. 47).

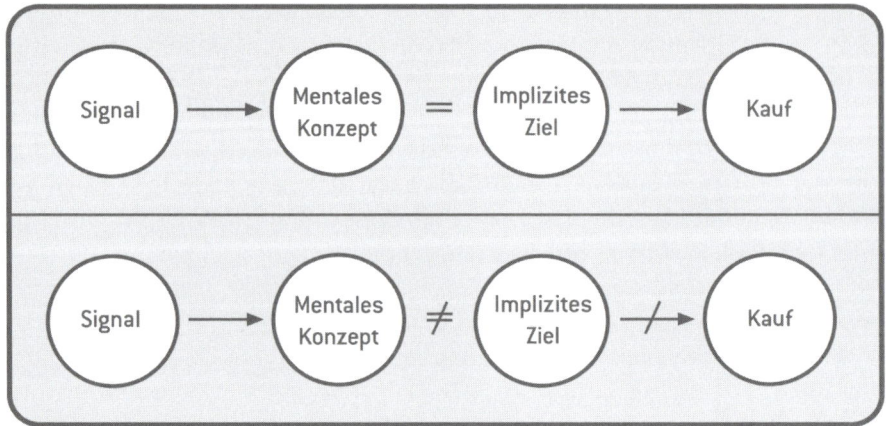

Abb. 47: Gekauft wird nur, wenn Ziel und mentales Konzept passen. Mentale Konzepte, die nicht zu unseren Zielen passen, erkennen wir zwar, sie sind für uns jedoch nicht relevant.

Menschen sind keine willenlosen Reiz-Reaktionsmaschinen, die nur aufgrund von emotionalen Impulsen entscheiden. Ob Kunden zugreifen oder nicht, hängt von ihren Zielen ab.

Ziele bestimmen die Zahlungsbereitschaft

Ziele erklären auch, wie viel wir für ein Produkt zu bezahlen bereit sind. Je relevanter das Ziel, je größer die erwartete Belohnung, desto mehr sind wir bereit, für ein Produkt zu bezahlen. Neurowissenschaftler sprechen hier vom so genannten Zielwert („Goal Value"), also wie viel uns das Ziel wert ist. Für das Ziel „Status" sind wir bereit, mehr zu bezahlen als für das Ziel „satt werden" – es sei denn, wir sind sehr, sehr hungrig. Da Ziele im Stirnhirn reguliert werden, überrascht es nicht, dass der Wert eines Zieles ebenfalls im Stirnhirn bestimmt wird, genauer gesagt im unteren und mittleren Teil. Die Aktivierung in diesem Bereich des Gehirns ist direkt abhängig von der Relevanz eines Ziels. Legt man Menschen zum Beispiel hungrig in den Hirnscanner und zeigt ihnen Snacks, ist die Aktivierung im Stirnhirn deutlich höher, als wenn dieselben Snacks nach einer Mahlzeit gezeigt werden. Hunger erhöht die Relevanz des Snacks bzw. des Ziels, ihn zu essen.

Viele Studien zeigen, dass der Zielwert im Stirnhirn direkt den Preis bestimmt, den wir bereit sind, für ein Produkt zu bezahlen. In der Neuroökonomie heißt das „Willingness to pay", die Bereitschaft, einen bestimmten Preis zu bezahlen. Je höher der Zielwert, desto höher der Preis, den wir zu zahlen bereit sind. Wir wollen also etwas haben, um damit ein Ziel zu erreichen. Dieses „Haben wollen" zur Erreichung von Zielen ist die entscheidende Währung im Kopf. Je relevanter das Produkt für ein Ziel, je größer die erwartete Belohnung, desto stärker das „Haben wollen" und desto höher der Preis, den wir dafür zu zahlen bereit sind. Nur dank dieser allgemeingültigen Währung ist unser Gehirn in der Lage, zu entscheiden, ob wir unser Geld in ein neues Auto oder doch in einen Wellnessurlaub investieren wollen oder welche von zwei Marken wir bevorzugen.

Ziele werden implizit reguliert

Wie schafft unser Gehirn dieses ganze Zielmanagement bei der Menge an Entscheidungen, die wir täglich treffen? Der Begriff „Ziel" klingt erst einmal so, als würden wir reflektiv und gut überlegt eine Entscheidung treffen. Subjektiv haben wir aber nicht das Gefühl, wirklich durch großes Nachdenken zu entscheiden. In den meisten Fällen handeln wir schnell, ganz selbstverständlich und intuitiv über den Autopiloten im Kopf. Tatsächlich zeigt sich, dass unser Stirnhirn Ziele auch ohne Nachdenken und ganz intuitiv managen kann. Wenn wir einmal ein Ziel haben, läuft die Überwachung der Zielerreichung implizit und automatisiert im Autopiloten ab. Die Neuropsychologen sprechen hier von „impliziter Zielüberwachung" (Implicit Goal-Monitoring).

Mit impliziter Zielüberwachung ist die Fähigkeit des Stirnhirns gemeint, ständig unsere Umwelt – und damit auch die Produkte – mit unseren Zielen abzugleichen, ohne Nachdenken, ganz implizit. Das Stirnhirn weiß, was wir wollen, was uns wichtig ist und versucht diese Ziele zu erreichen. Unser Pilot im Kopf, mit dem wir über Produkte nachdenken, hat eine sehr beschränkte Kapazität von gerade einmal 40 Bits. Das reicht bei Weitem nicht aus, um die Masse an Informationen abzugleichen, die jede Sekunde über den Autopiloten ins Gehirn gelangen. Das heißt nicht, dass der Abgleich unbewusst bleiben muss, aber meist läuft er ganz automatisch und ohne Nachdenken im Autopiloten ab. Wir sehen hier, wie wenig der Autopilot im Kopf mit „Emotionen" zu tun hat. Was hier wissenschaftlich eigentlich dahintersteht, ist die neue und überraschende Erkenntnis, dass im Gehirn Bewusstsein und Aufmerksamkeit zwei getrennte Prozesse sind und Aufmerksamkeit auch ohne Bewusstsein, das heißt implizit, vonstattengehen kann. Wir können also darauf achten, was zur Zielerreichung führt, ohne über jedes Detail bewusst nachdenken zu müssen. Das ist extrem effizient und entlastet unseren begrenzten Piloten im Kopf.

Tipp: Mehr Hintergrund zur impliziten Zielüberwachung im Gehirn finden Sie auf der Webseite zum Buch (www.decode-online.de/codes).

Wie diese implizite Zielüberwachung im Autopiloten funktioniert zeigt die folgende Studie. Dabei wurde die Tatsache genutzt, dass Geld für unser Stirnhirn eine relevante Belohnung darstellt, die wir gerne haben wollen. Die Teilnehmer sollten eine Aufgabe erledigen. Dabei wurde ihnen jeweils am Bildschirm eingeblendet, wie viel Geld sie bei der Aufgabe verdienen konnten. Wenn sie nur 5 Cent als Belohnung für die Aufgabe bekamen, strengten sich die Teilnehmer weniger an als bei der 1-Euro-Belohnung. Das zeigte sich auch in impliziten Reaktionen wie der Pupillenöffnung und anderen physiologischen Reaktionen. Das Interessante dabei war zudem, dass das Ziel, den Geldbetrag zu erhalten, auch dann aktiviert wurde, wenn die Forscher die Geldbeträge so kurz einblendeten, dass die Teilnehmer sie nicht bewusst wahrnehmen konnten. Es wurde nur implizit im Autopiloten registriert, ob der Geldbetrag hoch oder gering war und dies löste die gleichen Reaktionen aus wie bei der bewussten Wahrnehmung des Geldbetrages.

Wir denken nicht jeden Tag darüber nach, ob wir Karriere machen wollen, aber wir vergessen dieses Ziel auch nicht. Es wird implizit überwacht. Vieles davon ist bewusst, aber wir denken nicht darüber nach, sondern tun es einfach.

==Der Autopilot im Gehirn sucht implizit die Umwelt nach Signalen ab, die uns sagen, welche Produkte zu unseren Zielen passen.==

Ziele geben klare Leitplanken für die Umsetzung

Wir kaufen also die Erreichung von Zielen. Aber wie erkennt unser Autopilot, welches Ziel wir mit einem Produkt erreichen können? Die Antwort lautet: über die Signale und Eigenschaften, die das Produkt sendet. Über die Statistik der Umwelt weiß unser Gehirn, welches Signal zu welchem Ziel passt. Wir haben gelernt, dass wir mit einem großen oder sehr schnellen Auto eher das Ziel Status erreichen können als mit einem kleinen Auto (siehe Abb. 48).

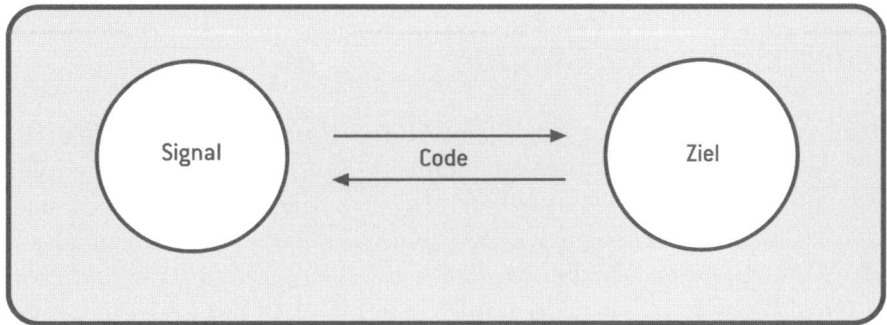

Abb. 48: Die direkte Verknüpfung von Signal und Ziel ist der für das Marketing wichtigste Code.

Die Signale der Produkte sagen uns, welches Ziel wir mit ihnen erreichen können, und wenn wir ein Ziel haben, dann halten wir implizit Ausschau nach Signalen, die mit einer Zielerreichung gekoppelt sind. Ziele sind unmittelbar mit Signalen gekoppelt und das hilft in der Marketingpraxis enorm, weil sich hier klare Leitplanken für die Auswahl von Signalen zum Beispiel in der Kommunikation ergeben.

Nehmen wir als Beispiel Tierfutter. Wenn wir als Hersteller von Katzenfutter das Ziel der „Katzenmutter" bedienen wollen, ihre Katze zu verwöhnen, welche Packungsgröße ist dann richtig? Klein. Eine große Packung ist praktisch, aber sie passt nicht zum mentalen Konzept „Verwöhnen", das haben wir über die Statistik der Umwelt so gelernt. Wenn wir beim Joghurt das Ziel „Fürsorge" adressieren wollen, dann ist ein Mehr an Sahne richtig und nicht eine Light-Variante. Wenn wir als Marke für das Ziel „perfekte Schönheit" stehen, dann wird es schwer werden, ein entspannendes Schaumbad zu vermarkten. Wenn wir das Ziel der „starken Reinigung" bedienen wollen, dann benötigen wir einen Kraftgriff und keinen Feingriff. Hat der Kunde das Ziel, beim Düngen seiner Pflanzen möglichst wenig Aufwand zu betreiben, dann muss das in der Beschreibung des Düngemittels zum Ausdruck kommen, wie das oben zitierte Experiment gezeigt hat. Ist umgekehrt das vorrangige Ziel, ein möglichst perfektes Ergebnis zu erzielen, muss die Beschreibung andere Worte beinhalten und dieses Ziel widerspiegeln.

==Ziele helfen in der Marketingpraxis, weil sie über die Statistik der Umwelt regelhaft mit Signalen verknüpft sind und dadurch klare und objektive Leitplanken für die Umsetzung ermöglichen.==

Ziele sind keine Gefühle

Wenn Konsumenten nach den Treibern hinter ihrem Verhalten gefragt werden, wenn sie ein bestimmtes Produkt kaufen, sagen sie häufig „dann fühle ich mich gut". In vielen Briefings und Strategiepapieren steht deshalb „Wohlfühlen" („Well-Being") als emotionaler Mehrwert („Benefit") für den Kunden. Falsch ist das nicht, denn wenn die Kunden mit Hilfe der Produkte ihre Ziele erreichen, dann fühlt sich das für sie gut an. Das Problem liegt darin, dass „Wohlfühlen" als Versprechen zu generisch ist. Wie sieht „Wohlfühlen" aus, muss man jetzt überall fröhliche Menschen zeigen, die sich wohlfühlen? Und wo ist die spezifische Verknüpfung mit dem Produkt? Da hier oft die Schärfung fehlt, öffnet das die Tür zu einem Hauptgrund für Effizienzverlust im Marketing: der Lücke zwischen Strategie und Umsetzung. Diese Lücke können wir nur schließen, wenn es eine klare Verknüpfung zwischen dem spezifischen Produkt und seinen Vorteilen mit den impliziten Zielen dahinter gibt.

Dazu kommt: Die wahren Treiber unserer Kaufentscheidungen sind nicht Gefühle, sondern unsere Ziele bzw. die erwünschten Zustände, die wir anstreben! Wenn wir ein Deo kaufen, wollen wir gut riechen und zum Beispiel attraktiv sein. Wie aber fühlt sich Attraktivität an? Oder Stolz? Ist das überhaupt ein Gefühl? Ist es eine Emotion? Und kaufen wir wirklich ein Gefühl, wenn wir ein Deo kaufen? Welches Gefühl haben wir, wenn wir einen Joghurt kaufen oder essen? Der Gang durch den Supermarkt müsste eine Achterbahn der Gefühle sein und bei 50.000 beworbenen Marken müssten wir permanent im Gefühlstaumel sein. Dem ist aber ja nun mal nicht so. Auch finden sich in Strategiepapieren oft Markeneigenschaften wie Sympathie, Modernität oder Vertrauen. Aber sind das Ziele, die der Kunde mit dem Produkt oder der Marke erreichen will oder kann?

Anregung: *Wenn Sie die Begriffe in Ihrem Strategiepapier betrachten, zum Beispiel die Markenwerte, welche davon sind Ziele, die Konsumenten mit dem Produkt erreichen wollen?*

96

Die wahren Treiber von Kaufentscheidungen sind nicht Gefühle, sondern Ziele.

Oft bekommen Agenturen die Aufgabe, ein Produkt zu „emotionalisieren". Was aber sind eigentlich „Emotionen" und welche gibt es? Bewusst erleben wir basale Emotionen wie Freude oder Wut. Die Emotionsforscher unterscheiden sieben dieser basalen Emotionen: Fröhlichkeit, Wut, Furcht, Ekel, Verachtung, Traurigkeit und Überraschung. Davon ist aber nur Freude eine eindeutig positive Emotion, und genau diese finden wir ja auch überall in der Werbung. Es werden die Gefühle Freude und Glück gezeigt. Wir haben schon gesehen, dass bei der Kaufentscheidung der Schalter im Stirnhirn aufgrund von Zielen umgelegt wird. Es geht also nicht einfach nur um Emotionen, der Mensch ist nicht einfach emotional gesteuert. Viel wichtiger aber ist, dass der Emotions-Begriff uns in der Praxis oft im Weg steht.

Schauen wir uns einmal an, woran das liegt, denn der Marketingalltag wird oft von der Diskussion „Wie viel Ratio (Argumente, Produkt, funktionaler Benefit) und wie viel Emotion (Image, Marke, emotionaler Benefit)" bestimmt. Mit dem Begriff „Emotion" wird versucht, die wenig anfassbare, mehr implizite Ebene von Kaufentscheidungen zu fassen. Ein Nachteil des Emotionsbegriffs ist, dass er oft mit Gefühlen wie Glück und Freude verbunden wird. Wenn in einem Briefing eine emotionale Ansprache der Kunden gefordert wird, sehen wir deshalb in der Folge nicht selten lachende Gesichter glücklicher Menschen – unabhängig vom spezifischem Produkt und der Kategorie. Der spezifische Bezug zum Produkt, seinen Signalen und Eigenschaften geht so verloren und jeder Spot sieht gleich aus. Dadurch sinken Glaubwürdigkeit, Differenzierung und Relevanz. Das einzig Spezifische ist dann häufig die Abbildung der Verpackung. In der Konsequenz führt das dazu, dass wir zu der Austauschbarkeit auf der reinen Funktionsebene der Produkte auch noch die Austauschbarkeit auf der Gefühlsebene hinzufügen.

Emotionen als Gefühle zu fassen, führt zu Austauschbarkeit.

Wir setzen oft die beiden Begriffe „Emotion" und „Gefühl" gleich und das führt dazu, dass die Emotionen in den Briefings im Feld „Tonalität" landen und dadurch nur noch für die Anmutung der Werbung relevant sind, aber nicht mehr für die relevanten Inhalte. Wir haben aber ja gesehen, dass implizite Ziele die Treiber für das Kaufverhalten sind. Diese mentale Ebene von Konsum als „Gefühl" oder im Briefing als „Tonalität" zu definieren, vernachlässigt ihre zentrale Rolle beim Konsum.

„Emotion" und „Ratio" werden als Gegenspieler gedacht

Genau hier hilft das Denken in Kundenzielen in der Marketingpraxis enorm weiter. Es ist nicht nur wissenschaftlich korrekter, von Zielen der Kunden zu sprechen, sondern vor allem viel praktischer. Schauen wir uns diesen zentralen Punkt deshalb etwas genauer an. Dass es bei Kaufentscheidungen zwei Ebenen bzw. Aspekte gibt – eine explizite („funktional") und eine dahinterliegende, eher implizite Ebene („emotional") – ist unumstritten. Man findet den funktionalen Produktnutzen und den emotionalen Produktnutzen in jedem Briefing und in jedem Strategiepapier. Wir diskutieren zum Beispiel sehr oft darüber, wie viele und welche Emotionen wir in einem Werbemittel oder einer Verpackung zeigen dürfen und wie viele „rationale" Produktargumente nötig sind. Der Vertrieb pocht darauf, seine Nutzenargumente zu sehen, denn er wird nicht für das Image bezahlt, sondern für den Verkauf von Produkten. Die Agenturen wiederum streichen die Bedeutung der Emotionen hervor, gerade weil doch Produkte nicht mehr differenzieren und sich die reinen Produktnutzen kaum noch differenzierend kommunizieren lassen.

Warum aber haben wir so viele Diskussionen? Warum ringen wir darum, wie viel Emotion und wie viel Ratio in die Anzeige oder einen TV-Spot gehört? Weil beide Aspekte ganz unterschiedliche Signale zur Konsequenz haben. Ein „rationaler" TV-Spot sieht ganz anders aus als ein „emotionaler" TV-Spot. Eine emotionale Anzeige oder Verpackung ganz anders als eine rationale, informierende Anzeige oder Verpackung. Wir streiten nicht darüber, dass beides wichtig ist. Worüber wir aber sehr oft kontrovers diskutieren, ist, welcher der beiden Aspekte nun wichtiger ist und beim Kunden im Vordergrund steht. Hier geht es am Ende oft um Glaubensfragen: Der eine glaubt an die Wirkung von Emotionen, der andere eher an die Überzeugungskraft von sachlichen, „rationalen" Nutzenargumenten. Das Problem ist dabei: Wir müssen uns am Ende entscheiden. Denn nur so können wir definieren, wie viele rationale Signale (z. B. Nutzenargumente) und wie viele emotionale Signale (z. B. Bilderwelten) genutzt werden sollen.

Die folgende Anzeige ist ein Indiz für diese Diskussion und zeigt den oft resultierenden Kompromiss: Es wird ein Bild gezeigt (Emotion) und ein Fließtext liefert die Information (Ratio) (siehe Abb. 49).

Abb. 49: Links die Emotion, rechts die Ratio (Produkt und Text). Oft fällt es schwer, diese beiden Ebenen zu verbinden und das Ergebnis ist häufig ein Kompromiss.

Die Verknüpfung der beiden Ebenen aber fehlt. Warum ist es eigentlich so kompliziert, „Emotion" und „Ratio" zusammenzubringen? Warum tun wir uns so schwer damit? In der Wissenschaft ist schon lange bekannt, dass es im Gehirn keine Teilung in eine „emotionale" und „rationale" Hirnhälfte gibt. Und wir haben auch gesehen, wie eng das Physische mit den dahinterliegenden, mentalen Konzepten zusammenhängt. Es gibt zwar noch immer vermeintliche Experten, die unter dem Label Neuromarketing verbreiten, dass es emotionale und rationale Menschen gibt. Aber jeder, der sich mit diesem Thema näher beschäftigt, weiß, dass dies eine veraltete Sichtweise ist. Das belegen auch nochmals die beiden folgenden Zitate aus der neurowissenschaftlichen Literatur:

„Die Idee einer Zweiteilung im Gehirn hat so viel mit den bekannten Fakten über die Hirnfunktionen zu tun, wie die Astrologie mit der Astronomie." (Steklis/Harnad, 1976)

„Die verbreitete Ansicht, dass rationale Prozesse der Großhirnrinde zugeordnet werden könnten, während Emotionen im „limbischen System" verwurzelt sein sollen, ist vor dem Hintergrund der komplexen Konnektivität zu revidieren."　　　(Pepper, 2008)

Trotzdem finden wir die Unterteilung in „funktionale" (Ratio) und „emotionale" Benefits in der Praxis überall. Das eigentliche Problem dabei ist: Wir tun so, als ob die beiden Gegenspieler sind. Man ist entweder rational oder emotional. Nicht nur, dass die beiden Ebenen nicht verknüpft sind, wir behandeln sie sogar als Gegenspieler und deshalb tun wir uns in der Praxis so schwer, sie zu verbinden (siehe Abb. 50).

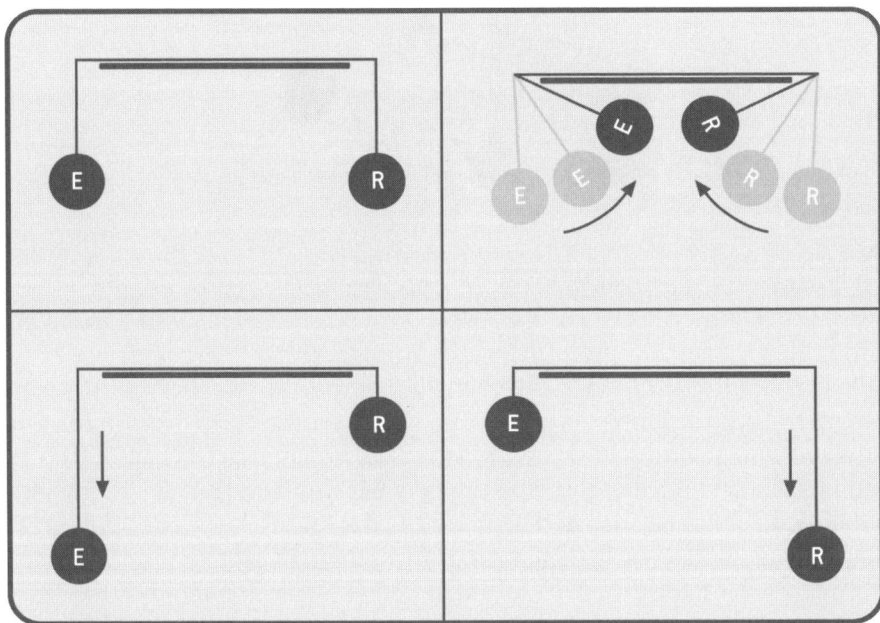

Abb. 50: Die Metapher von Emotion (E) und Ratio (R) gleicht einem Nullsummenspiel und bildet nicht die Realität im Gehirn ab.

Der Grund dafür liegt in der Geschichte. Schon bei den griechischen Philosophen waren Emotion und Ratio Gegenspieler. Das weiße Pferd, die Vernunft, sollte das schwarze Pferd, die Emotion, zähmen. Diese Dualität zog sich durch die Jahrhunderte. Descartes berühmtes Dictum „Ich denke, also bin ich" stand Pascals „Das Herz hat seine Gründe, die der Verstand nicht kennt" gegenüber. Bis hin zu Freud, der das „Es", die Triebe, vom „Ich", der Vernunft, trennte und den Konflikt zwischen diesen beiden Instanzen beschrieb. In unserer Kultur haben wir die strikte Trennung der Geisteswissenschaften und der Naturwissenschaften. Und auch das Gehirn wurde in eine rechte und eine linke Hälfte getrennt, obwohl diese Trennung in der Wissenschaft schon seit fast 40 Jahren als überholt gilt.

Emotion und Ratio werden seit Jahrtausenden als Gegenspieler konzipiert. Und das spiegelt sich auch im Marketing wider. Wir trennen zwischen Emotion und Ratio, zwischen Marke und Produkt, zwischen Image und Produktnutzen. Und das hat ein Nullsummenspiel zur Folge: die Summe von Emotion und Ratio kann nur immer 100 Prozent sein. Haben wir mehr Ratio (z. B. Text), muss es weniger Emotion (z. B. Bild) geben und umgekehrt (siehe Abb. 50 unten links und rechts).

Die Chance liegt in der Verknüpfung der beiden Ebenen

Wir haben aber gesehen, dass es eine ganz enge Verknüpfung der physischen und der dahinterliegenden, mentalen Prozesse im Gehirn gibt. Diese Verknüpfung ist regelgeleitet und läuft automatisch ab. Nur wenn wir diese beiden Aspekte miteinander verknüpfen, können wir das Potenzial ausschöpfen. Tatsächlich ist es so, dass im Stirnhirn alle Fäden zusammenlaufen und integriert werden. Im Stirnhirn wird alles, was für eine Zielerreichung wichtig ist, integriert, von der Wahrnehmung über die Erinnerung bis zur Relevanz. Im Stirnhirn geht es also um Handlung, es geht um die Entscheidung, was wir als Nächstes tun, was unser Ziel ist.

Hier haben die Erkenntnisse zu den mentalen Konzepten und den Zielen einen großen Vorteil: Es gibt, wie wir gesehen haben, eine automatische und regelgeleitete Verknüpfung von Signalen und mentalen Konzepten bzw. Zielen. Es ist keine Addition zweier Gegenspieler wie bei „Emotion vs. Ratio", sondern die beiden Ebenen multiplizieren sich wie im Beispiel des Newton-Pendels. Denn wenn keine wahrnehmbare Produkteigenschaft vorhanden ist, kann auch kein mentales Konzept aktiviert werden. Wollen wir soziale Kälte ausgleichen, uns verwöhnen oder dem Kind Trost spenden, benötigen wir wahrnehmbare Signale, die uns zeigen, mit welchem

Produkt wir dieses Ziel am besten erreichen können. Produkteigenschaften und mentale Konzepte sind untrennbar miteinander gekoppelt.

Genau darin liegt die Chance für das Marketing: Wir können das „UND" von „Ratio und Emotion" durch „DESHALB" ersetzen!

Bisher: „und" bzw. „oder":
• Produkt und/oder Marke
• Abverkauf und/oder Image
• Text und/oder Bild in der Kommunikation
• Funktionaler und/oder emotionaler Benefit
• Argumente und/oder emotionale Aufladung

Neu: „so dass" bzw. „deshalb":
• Signal, deshalb mentales Konzept
• Warmer Becher, deshalb soziale Wärme
• Langer Stiel, deshalb „erhöhter Genuss"
• Soziale Kälte, deshalb Entscheidung für das warme Produkt
• Harter Stuhl, deshalb harte Verhandlung

Wir haben hier mit dem Newton-Pendel und den Codes eine andere Metapher darüber, wie die beiden Ebenen von Konsum zusammenhängen. Diese Metapher entspricht besser der aktuellen Forschungslage und ist vor allem an vielen Stellen im Marketing hilfreicher. Wir werden in den folgenden Kapiteln zeigen, wie diese Sichtweise hilft, die Strategie und die Implementierung systematisch zu verknüpfen und so klare Leitplanken für den Marketingalltag bietet.

Die zwei Arten von Konsumzielen

Wir haben jetzt viel von Zielen gesprochen und auch schon einige kennen gelernt. Wenn Ziele so wichtig sind für das Marketing, dann müssen wir wissen, welche Ziele es gibt. Was ist es, was Kunden haben, tun oder sein wollen? Was ist das eigentliche Ziel, das die Kunden erreichen wollen?

Bevor wir auf unser eigenes Produkt schauen, müssen wir uns diese Frage zuerst für die Kategorie stellen. Wenn wir ein Waschmittel kaufen, haben wir das explizite Ziel, die Wäsche zu reinigen, der erwünschte Zustand ist also die saubere Wäsche. Wenn wir ein Auto kaufen, wollen wir von A nach B fahren. Wenn wir einen Handyvertrag abschließen, wollen wir mobil telefonieren. Das sind die konkreten und expliziten Basisziele. Sie sind die Basis für Relevanz. Was nutzt die schönste und teuerste Uhr, wenn man die Uhrzeit nicht ablesen kann? Was nutzt der gesündeste Joghurt, wenn er nicht schmeckt? Wir können noch so sehr über implizite Konzepte differenzieren, wenn wir die expliziten Basisziele unzureichend erfüllen, werden wir nicht erfolgreich sein. Balisto wurde in Österreich erst Marktführer, als die Kommunikation von „gesund und natürlich mit Schokolade" auf „Schokolade mit gesunden, natürlichen Inhaltsstoffen" wechselte (z. B. „Natürlich nasch ich"). Menschen kaufen keine Schokolade, um sich gesund zu ernähren, sondern sie kaufen Schokolade, um zu genießen. Erst danach sind differenziertere Konzepte wie Gesundheit relevant.

==Der Grundsatz lautet: „Immer zuerst das explizite Basisziel der Kategorie bedienen!"==

Was sind die expliziten Basisziele in einer Kategorie, die wir unbedingt bedienen müssen? Hier hilft es, die folgende Frage zu beantworten: „Wenn es nur ein Produkt in der Kategorie gäbe, was müsste dieses Produkt leisten?"

Das explizite Basisziel ist die Grundvoraussetzung für Relevanz. Wenn wir ein Waschmittel kaufen, möchten wir zuerst einmal, dass die Flecken rausgehen. Wir haben ja bereits gesehen, dass Sauberkeit dann aber zum Beispiel mit dem mentalen Konzept Moral verbunden ist. Wir kaufen ein Deo, damit wir nicht nach Schweiß riechen, aber an ein Deo sind noch andere mentale Konzepte wie zum Beispiel Attraktivität gekoppelt. Gleiches gilt für Zahnpasta: Wir wollen zuerst einmal die Zähne erhalten und damit sind dann aber auch andere, eher übergeordnete Ziele wie Sicherheit im öffentlichen Auftritt verbunden. Es wird schwierig sein, ein Spülmittel zu verkaufen, das nicht gut sauber macht – egal, welche ausgefeilten psychologischen Differenzierungen man sich hier ausdenkt. Es gibt also zwei Arten von Zielen: das explizite Ziel, das die Basis für den Konsum bildet und ein übergeordnetes implizites Ziel. Konsumpsychologen wie zum Beispiel Ratti Ratneshwar, Autor des Standardwerks „The Why of Consumption", unterscheiden deshalb zwei Ebenen von Zielen und sprechen von „Lower Level"- und „Higher Level"-Zielen.

Das Wichtigste ist nun: Explizite und implizite Ziele stehen nicht wie bei „Emotion versus Ratio" in einem Widerspruch, sondern sind untrennbar

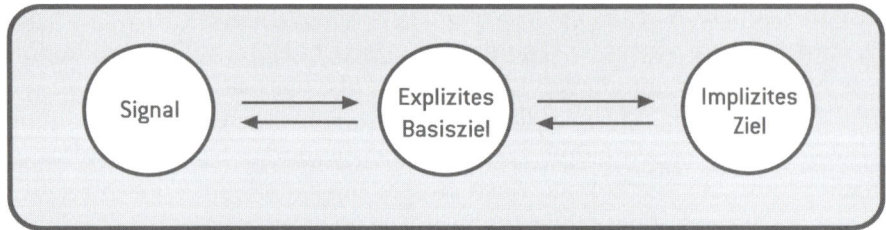

Abb. 51: Signal, Basisziel und implizites Ziel sind wie beim Newton-Pendel unmittelbar miteinander verknüpft.

miteinander verbunden (siehe Abb. 51). Auch hier geht es um die Verknüpfung „Explizites Basisziel, *deshalb* implizites Ziel". Eine gute Präsentation zu halten, ist nicht an ein implizites Ziel wie Fürsorge anschlussfähig. Es wird auch schwer fallen, einen leckeren Pudding an ein implizites Ziel wie Status oder Stolz zu knüpfen. Oder die Reinigung einer Zahnpasta an Freiheit. Das klingt offensichtlich, wird aber in der Praxis oft zu wenig beachtet. Viele Verknüpfungen sind denkbar, aber auch hier ist die Statistik der Umwelt der entscheidende und objektive Filter (siehe Abb. 52).

CODE				
Signal	⇄	**Explizites Basisziel**	⇄	**Implizites Ziel**
Zahnpasta	⇄	Saubere Zähne	⇄	Attraktivität
Pulverkaffee	⇄	Leckeres, warmes Getränk	⇄	Gefühl der Gemeinschaft
Deo	⇄	Gut riechen	⇄	Selbstsicherheit

Abb. 52: Produkte stoßen über unterschiedliche explizite Basisziele unterschiedliche implizite Ziele an – und umgekehrt.

Explizite Basisziele der Produktkategorie sind mit differenzierenden impliziten Zielen systematisch verknüpft.

Welche Ziele gibt es nun eigentlich? Die Basisziele sind klar, sie leiten sich direkt von der Produktkategorie ab. Die impliziten Ziele aber erschließen sich nur über entsprechende Analysen. Nicht selten liegen die wesentlichen Informationen schon vor, zum Beispiel in Form bestehender Markenwerte oder entsprechender Marktforschung. Hier geht es oft vor allem darum, bestehende Begriffe in der Strategie zu schärfen und sie genau an das Produkt und den Zielbegriff zu koppeln. Das Wichtigste ist die Klärung, ob ein Markenwert oder eine Strategie einem Kundenziel entsprechen. Denn nur dadurch entsteht Relevanz für den Kunden. „Sympathie" ist kein Ziel, „Fürsorge" dagegen schon.

Es gibt im Marketing viele Modelle für übergeordnete, implizite Ziele von Kunden, zum Beispiel „Needstates", „Archetypen", „Motiv Mapping", „Limbic Map" oder auch „Belohnungsraum". All diese Modelle beschreiben belohnende Zustände, also Ziele, die wir mit Produkten erreichen wollen, wenn auch nur mental. Genau an dieser Stelle zeigt sich ein zentraler Vorteil des Zielbegriffs in der Marketingpraxis: es wird viel klarer, um was es wirklich geht, wenn wir von „Emotionen", „Needstates" oder „Archetypen" sprechen. Nur wenn wir diese Modelle als Ziele denken, die Kunden erreichen wollen, stellen wir sicher, dass daraus nicht schöne Bildchen werden und ein Eintrag bei der Tonalität, sondern Ziele als das betrachtet werden, was sie im Gehirn sind: die Treiber unseres Verhaltens.

Implizite Ziele müssen auf die Marke, das Produkt und die Kategorie bezogen werden. Ohne diese Schärfung sind diese Modelle zu generisch, um als Leitplanken für die Umsetzung von Strategien zu funktionieren.

Was bei den genannten Modellen zudem oft fehlt, ist der Link zum expliziten Basisziel und vor allem zu den spezifischen Produkteigenschaften. Dieser Link ist aber entscheidend für die glaubwürdige, differenzierende und relevante Umsetzung der Strategie. Das Gehirn muss sich die impliziten Ziele über die Signale zum Beispiel auf der Verpackung erst erschließen und gleichzeitig erkennen, welches Basisziel es mit dem Produkt erreichen kann. Der Kunde liest ja keine Strategiepapiere, er muss sich die Ziele über die Signale erschließen, über das Produkt mit seinen Codes an allen relevanten Kontaktpunkten.

Eine große Herausforderung in der Arbeit mit Archetypen ist zum Beispiel, dass meist offen bleibt, aufgrund welcher Produkteigenschaften der Archetyp relevant ist, wo also der Link zwischen beiden und damit die Basis für die Glaubwürdigkeit ist und vor allem, wie das jetzt aussehen soll für unser

Produkt und unsere Marke. Wenn wir wissen, dass unsere Teemarke zum Beispiel auf dem Archetyp „Caregiver" positioniert ist, wie sieht das in der Konsequenz aus? Müssen wir jetzt Mütter mit Kindern zeigen? Solche Modelle enthalten oft das Spezifische eines Produkts und einer Marke nicht, sie werden ja auch überall eingesetzt. Ihre Stärke ist es, Produkte oder Marken miteinander zu vergleichen. Ihre Schwäche ist es, keine klaren Leitplanken für die Umsetzung und den Link zum Produkt zu geben, vor allem bei der Umsetzung der Strategie in Signale auf der Verpackung, in der Werbung oder im Regal.

Durch den Zielbegriff gewinnt man an Effizienz, weil damit direkt und objektiv Signale gekoppelt sind, von der Farbe bis zum Handgriff. Hier kommen Strategie und Umsetzung zusammen.

Die geheimen Codes der Produkte

Wir haben jetzt alles zusammen, was das Kaufverhalten der Kunden bestimmt: Produkteigenschaften aktivieren durch Rekodierung implizit mentale Konzepte und wenn die mit unserem aktuellen Ziel übereinstimmen, dann kaufen wir. Menschen kaufen Produkte, um Ziele zu erreichen, und die physischen Produkteigenschaften sagen uns, welche Ziele wir mit dem Produkt erreichen können, welche Belohnungen also an ein Produkt gekoppelt sind. In dieser Verknüpfung liegt der geheime Code der Produkte (siehe Abb. 53).

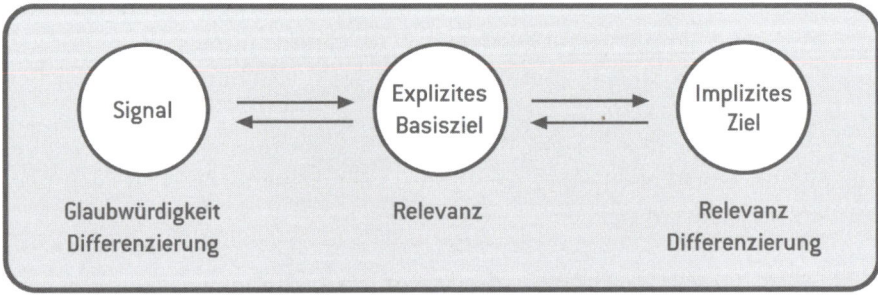

Abb. 53: Signal, explizites Basisziel und übergeordnetes, implizites Ziel zeigen, wie wir Glaubwürdigkeit, Relevanz und Differenzierung sicherstellen können.

Die Signale sichern Glaubwürdigkeit und bieten eine reichhaltige Quelle für Differenzierung. Die expliziten Basisziele sind die Grundvoraussetzung, um überhaupt relevant zu sein und die daran geknüpften mentalen, impliziten Ziele können die Relevanz erhöhen und müssen für die Differenzierung sorgen.

Der Mehrwert für den Marketingalltag ist klar: Kennen wir das Ziel der Kunden, und definieren daraufhin unsere Marketingstrategie, ergeben sich durch die unmittelbare Verknüpfung von Zielen mit Signalen klare Leitplanken für das Produktdesign oder die Kommunikation. Genau an dieser Stelle endet die Beliebigkeit in der Auswahl von Signalen im Marketing. Es ist nicht beliebig oder vom persönlichen Geschmack abhängig, welches Signal zu einem Ziel der Kunden passt und welches nicht. Wenn wir das Ziel kennen, wird sofort klar, welches Signal zu diesem Ziel passt und welches nicht.

Wir werden in den folgenden Kapiteln sehen, wie diese Perspektive der Ziele und der Codes den Marketingalltag effizienter macht und klare Leitplanken von der Strategie (explizite und implizite Ziele der Kunden) bis zur Umsetzung (Codes) bietet – von Marke, Verpackung, Preis, Kommunikation bis zur Produktentwicklung und Innovation.

Die wesentlichen Punkte dieses Kapitels auf einen Blick:

- Ob Kunden zugreifen oder nicht, hängt von ihren Zielen ab. Ziele sind erwünschte Zustände und diese zu erreichen, ist belohnend. Kunden nutzen Produkte, um diese belohnenden Ziele zu erreichen. Durch den Zielbegriff gewinnt man an Effizienz, weil mit Zielen über die Statistik der Umwelt direkt und objektiv Signale gekoppelt sind, von der Farbe bis zum Handgriff. Hier kommen Strategie und Umsetzung zusammen, es ergeben sich klare und objektive Leitplanken für die Umsetzung, vom Produktdesign bis zur Werbung.
- Explizite Basisziele (das Produkt bzw. die Kategorie und ihre Leistung) sind mit differenzierenden impliziten Zielen (z. B. die Marke) systematisch verknüpft. Es gibt hier klare Regeln der Verknüpfung und keinen Widerspruch zwischen den beiden Ebenen.
- Implizite Ziele müssen auf die Marke, das Produkt und die Kategorie bezogen werden. Ohne diese Schärfung sind die marktüblichen

Modelle zu generisch, um als Leitplanken für die Umsetzung von Strategien zu funktionieren.

- Menschen kaufen Produkte, um Ziele zu erreichen, und die physischen Produkteigenschaften sagen uns, welche expliziten und impliziten Ziele wir mit dem Produkt erreichen können. In dieser Verknüpfung liegt der geheime Code der Produkte.

Die Codes der Marke steuern

Was Sie in diesem Kapitel erwartet: Wir haben jetzt das nötige Wissen, um die Erkenntnisse zu den impliziten Codes in die Praxis zu übertragen. Darum geht es im Folgenden. Zunächst wollen wir uns dem Thema Marke zuwenden. Wie kann man die neuen Erkenntnisse für die Markenführung nutzen?

Marken auf Zielen positionieren

Wie helfen uns die bisherigen Erkenntnisse, das Thema Marke schärfer und konkreter zu fassen? Wenn wir dem Prozess im Gehirn folgen, dann ist die Marke erst einmal nur ein Markenlogo, das aus verschiedenen sensorischen Signalen besteht. Diese werden über das Auge wahrgenommen: Das Markenlogo hat eine bestimmte Form, eine bestimmte Farbe, eine bestimmte Typographie usw. Diese Signale sind in der Lage, implizite Ziele zu aktivieren, denn Marken sind natürlich mehr als das Markenlogo. Das Pendel kann also durch das Markenlogo in Gang gesetzt werden. Wie das funktioniert, zeigt ein Experiment der Duke Universität. Wir sind jeden Tag von sehr vielen Marken umgeben. Die meisten Kontakte mit Marken erfolgen nicht mit fokussierter Aufmerksamkeit, sondern wir verarbeiten sie über die periphere Wahrnehmung im Autopiloten, etwa wenn wir an einem Plakat vorbeilaufen, oder bei einer Fußballübertragung die Bandenwerbung peripher registrieren. Die Forscher waren nun daran interessiert, wie solche impliziten Markenkontakte auf uns wirken.

Unter dem Vorwand eines Sehtests saßen die Probanden vor einem Monitor. Es wurden ihnen Bilder gezeigt und sie mussten entscheiden, ob das Bild rechts oder links zu sehen war und dabei Zahlen addieren. Das Arbeitsgedächtnis war also ausgelastet. Kurz vor den Bildern blendeten die

Forscher an dieser Stelle Markenlogos ein, allerdings so kurz, dass die Markenlogos nur implizit im Autopiloten verarbeitet wurden. Dabei gab es zwei Gruppen: die eine Gruppe sah das IBM-Logo und die zweite sah das Apple-Logo (siehe Abb. 54).

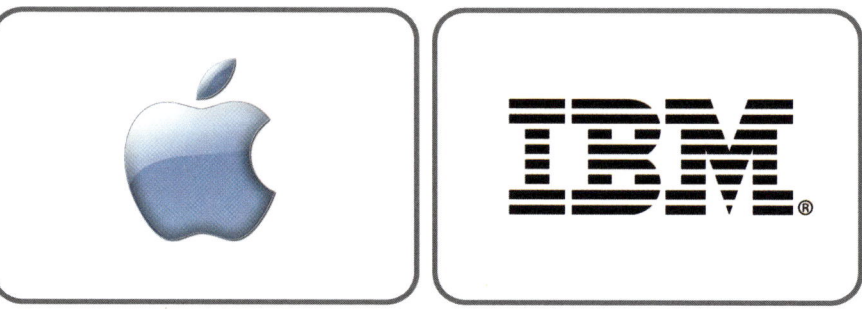

Abb. 54: Logos wie das von Apple und IBM sind mit unterschiedlichen impliziten Zielen verknüpft.

 **http://www.decode-online.de/codes/webtipp6.html** – Dieser Film zeigt das Apple-Experiment.

Anschließend sollten die Testpersonen einen Kreativitätstest absolvieren. Diese Aufgabe war so angelegt, dass man an der Lösung den Grad der Kreativität ablesen konnte. Die Probanden sollten zum Beispiel spontan Nutzungsmöglichkeiten eines Ziegelsteins nennen, die über das Bauen einer Mauer hinausgehen, zum Beispiel, dass man den Ziegelstein als Papierbeschwerer oder als Hammer nutzen kann. Das überraschende Ergebnis: Die Probanden, die das Apple-Logo sahen, produzierten deutlich mehr Ideen als diejenigen, die ein IBM-Logo gesehen haben. Darüber hinaus wurden die Ideen der Apple-Gruppe von einer unabhängigen Jury als deutlich kreativer bewertet. Der Punkt dabei ist, dass keiner der Probanden das Apple-Logo mit voller Aufmerksamkeit gesehen hat. Vielmehr wurden die Markenlogos rein implizit im Autopiloten verarbeitet. Was steckt dahinter?

Wir haben bereits gesehen, dass mentale Konzepte und Ziele implizit aktiviert und die Zielerreichung implizit im Autopiloten gesteuert werden kann. Und genau das passiert hier. Das Apple-Logo aktiviert das Konzept

„Kreativität" und das führt zu entsprechendem Verhalten. Dieses Experiment zeigt eindrucksvoll, wie effektiv Marken sind, wenn sie mit impliziten Zielen verknüpft sind und diese aktivieren. Marken signalisieren uns über ihre Signale eine Zielerreichung, welche Belohnung wir damit erreichen können und wenn wir bei der Nutzung eines Computers das Ziel haben, kreativ zu sein, dann ist der Apple-Computer die richtige Entscheidung. Wenn wir effizient sein wollen, dann verspricht vielleicht ein IBM-Gerät die relevantere Belohnung.

==Marke ist ein Signal, das für implizite Ziele steht. Über Marken können wir implizite Ziele erreichen==

Marken sind mehr als schöne Bilder: Marketing-Placebos

Die Erkenntnisse zur impliziten Wirkung von Marken erklären zum Beispiel auch, warum Kunden bei Blindtests anders reagieren als bei Tests, in denen die Marke gezeigt wird. Marken wirken implizit im Hintergrund, entfalten aber eine nachhaltige Wirkung auf die Urteile und das Verhalten von Kunden. Besonders eindrucksvoll sind hier die durch Marken ausgelösten Placebo-Effekte, die eine massive, auch physiologisch nachweisbare Wirkung im Autopiloten entfalten.

Wie stark diese Effekte sein können, zeigt eine Studie zu Aspirin. Den Teilnehmern wurde gesagt, dass ein neues Medikament gegen Kopfschmerzen daraufhin getestet werden soll, ob es besser ist als andere auf dem Markt befindliche Produkte. Sobald die Teilnehmer der Studie Kopfschmerzen bekamen, sollten sie zwei Tabletten nehmen und dann nach einer Stunde angeben, ob und wie stark sich der Zustand gebessert hat. Ein Teil der Teilnehmer erhielt eine richtige Aspirin-Tablette, die anderen erhielten ohne ihr Wissen eine Placebo-Tablette. Diese Placebo-Gruppe erhielt zwar wirkungslose Placebo-Tabletten, diese befanden sich aber in einer originalen Aspirin-Verpackung. Sie glaubten also, ein echtes Aspirin zu schlucken.

Das Ergebnis: Allein aufgrund der Verpackung linderte die Placebo-Tablette (die keinerlei Wirkstoffe enthielt) die Kopfschmerzen signifikant (siehe Abb. 55). Die Verpackung mit dem Aspirin-Logo aktivierte das Konzept

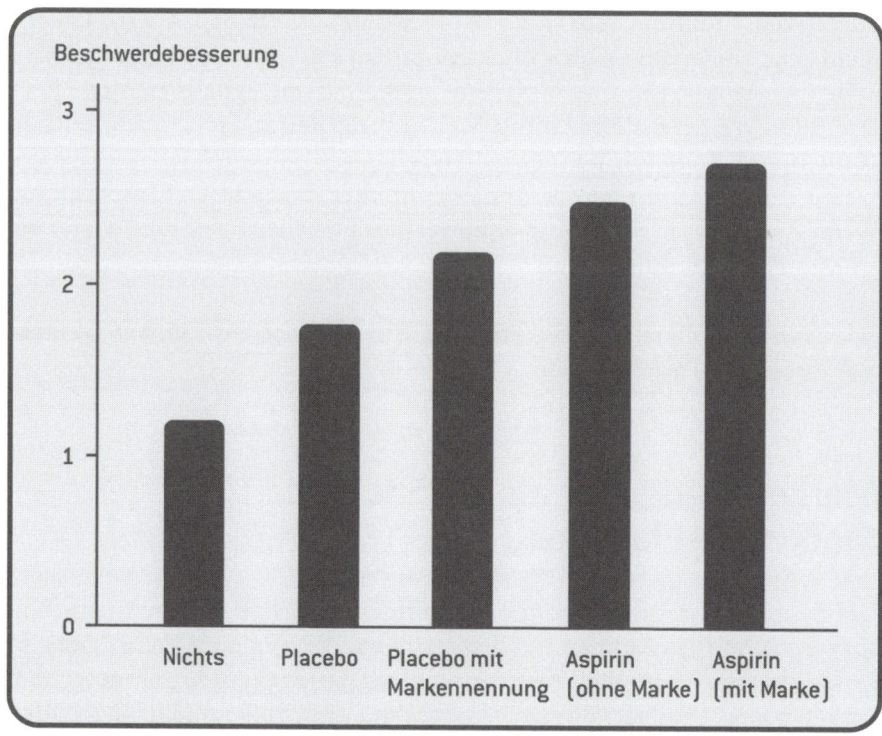

Abb. 55: Die Markenerwartung beeinflusst signifikant die Linderung der Symptome. Darstellung nach einem Experiment von Braithwaite und Cooper.

„Kopfschmerzen reduzieren", und das hatte einen entsprechenden Placebo-Effekt zur Folge, weil die Probanden ja Kopfschmerzen und damit ein konkretes Ziel hatten. Hier sehen wir wieder das Prinzip, dass das Pendel im Kopf in beide Richtungen schwingen kann: vom Signal zum Konzept bzw. Ziel und umgekehrt. Placebo-Effekte entstehen, weil ein aktiviertes Ziel das Pendel zum Schwingen bringt, mit realen Konsequenzen wie der Steigerung von Blutdruck oder der Linderung von Kopfschmerzen. Wenn wir also Marken auf die Kundenziele hin positionieren, dann entfalten sie ihre maximale Wirkung.

==Marken sind mehr als schöne Image-Bilder: Sie verbessern über Placebo-Effekte die objektive Wirkung von Produkten.==

Marken sind Objekte

Schaut man sich die Positionierungspapiere in der Marketingpraxis an, fällt auf: In vielen Strategiepapieren stehen Markenwerte wie „Sympathie", „Zuverlässigkeit" oder „Vertrauen". Wenn aber Marken für Belohnungen bzw. implizite Ziele stehen und diese aktivieren, dann müssen wir uns fragen, ob Menschen von Marken wirklich Persönlichkeitseigenschaften kaufen. Ist „Sympathie" wirklich ein Ziel, das wir mit einer Marke erreichen wollen? Wir wollen mit der Marke ja keinen Kaffee trinken gehen, sondern nutzen sie, um Ziele zu erreichen. Natürlich stehen wir in einer Beziehung zu Marken, aber nur insofern als die Marke uns erlaubt, ein Ziel mit ihr zu erreichen. Je wichtiger das Ziel für uns ist, desto stärker ist die Beziehung zu dieser Marke. Das heißt aber noch nicht, dass Marken im Gehirn wie Personen behandelt werden, die bestimmte Eigenschaften haben. Wir können mit Apple das Ziel erreichen, kreativ zu sein oder uns so zu sehen, aber ist Apple für unser Gehirn wirklich ein Mensch mit der Eigenschaft „kreativ"?

Die Frage, ob unser Gehirn Marken wie Menschen oder wie Objekte betrachtet, kann man ganz einfach klären. Denn es ist bekannt, welche Hirnareale aktiviert werden, wenn wir Menschen beurteilen. Ebenfalls ist bekannt, dass Objekte (z. B. ein Werkzeug) in einer anderen Hirnregion verarbeitet werden. Im Gehirn gibt es also einen klaren Unterschied zwischen Dingen und Menschen. Das erscheint auch plausibel. Die Frage ist nun, ob das Gehirn Marken wie Objekte oder wie Menschen behandelt. In einer neurowissenschaftlichen Studie der Universität Michigan wurde genau das untersucht. Teilnehmer sahen im Hirnscanner Marken, die sie kannten (z. B. Apple, McDonald's) und nutzten sowie weitere Marken, die sie zwar kannten, aber nicht nutzten. Darüber hinaus wurden die Namen von prominenten Menschen wie Bill Clinton eingeblendet, aber auch der eigene Name der Person. Die Marken und Namen wurden zusammen mit einer Vielzahl von Adjektiven aus einem Standardtest zur Beurteilung von Marken präsentiert, wie zum Beispiel „zuverlässig", „ehrlich", „sympathisch", oder „heiter". Die Probanden sollten per Tastendruck sagen, ob ein Adjektiv zu einer Marke bzw. einer Person passt oder nicht. Gleichzeitig wurden die Hirnaktivitäten gemessen.

Das Ergebnis ist sehr klar. Beurteilten die Teilnehmer Menschen (Prominente oder sich selbst), wurde der so genannte mediale Teil des vorderen Stirnhirns aktiv. Von dieser Hirnregion ist bekannt, dass sie auf Menschen reagiert. Was passierte bei den Marken? Hier wurde ein Areal aktiv, von dem bekannt ist, dass es auf physische Objekte reagiert. Marken sind für das Gehirn Objekte, sie gehören ja auch zu physischen Produkten und Unternehmen. Marken sind aus Sicht des Gehirns demnach keine Menschen mit Persönlichkeitseigenschaften. Das Forscherteam um die Marketingprofessorin Carolyn Yoon schreibt dazu:

„Diese Ergebnisse ziehen die Ansicht in Zweifel, wonach Produkte und Marken ähnlich wie Menschen sind."

Marken wie Menschen zu beschreiben, ist sicherlich hilfreich, um die weniger anfassbare, implizite Ebene von Marken zu fassen. Wir müssen uns dabei aber bewusst sein, was Menschen wirklich kaufen. Kunden kaufen keine Persönlichkeitseigenschaften einer Marke, sondern eine Zielerreichung. Menschen kaufen Marken, um mit ihnen konkrete und daran gekoppelte übergeordnete, implizite Ziele wie Schönheit oder Fahrfreude zu erreichen. Sympathie dagegen ist kein Ziel.

==Wir kaufen Produkte, um Ziele zu erreichen und nicht, weil die Marke sympathisch ist.==

Ziele bestimmen das Potenzial

Wenn wir im Marketing in Zielen statt in Emotionen oder Gefühlen denken, hilft das nicht nur bei der Umsetzung, sondern auch bei der Entwicklung von Strategien. Bei jeder Markenpositionierung ist die Relevanz der Markenwerte das Hauptkriterium. Die Frage ist also, welche mentalen Konzepte relevant sind und welche Konzepte das größte Potenzial für Erfolg haben? Versuchen wir, diesen Punkt am Beispiel Bodylotion zu klären. Die Grundvoraussetzung für Relevanz ist es, die Basisziele der Kategorie zu bedienen. Die Kategorie ist der Startpunkt. Warum nutzen Kunden Bodylotion? Weil sie ihrer Haut Feuchtigkeit geben wollen. Dieses Basisziel wird von allen Anbietern im Markt ausreichend erfüllt, keine Marke hat hier einen signifikanten Vorteil. Im zweiten Schritt gilt es nun, über mentale Konzepte eine relevante und differenzierende Positionierung zu erreichen. Welche mentalen Konzepte sind mit Bodylotion verbunden, welche der Konzepte sind wichtige Ziele der Kunden? Die folgende Grafik führt einige der wichtigsten übergeordneten Ziele in dieser Kategorie auf (siehe Abb. 56).

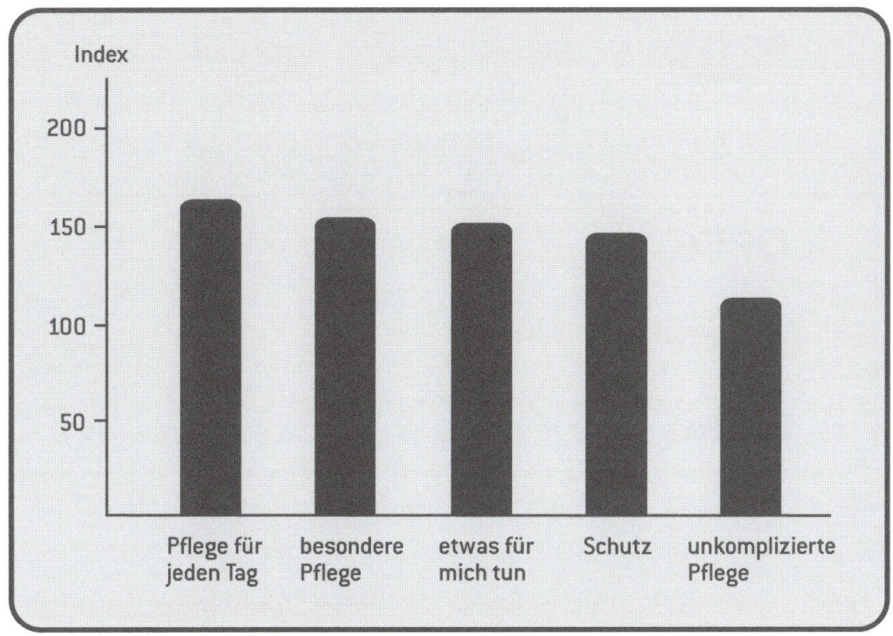

Abb. 56: Unterschiedliche Ziele und ihre Wichtigkeit in der Kategorie Bodylotion.

Wenn wir ein neuer Anbieter in dieser Kategorie sind, ist das unsere Potenzialanalyse. Diese Analyse zeigt das Potenzial von Positionierungen an, denn positionieren bedeutet, dass wir uns entscheiden müssen, welche übergeordneten Ziele der Kunde mit unserem Produkt erreichen soll. Wir haben schon gesehen, dass wir die Basisziele der Kategorie auf jeden Fall mindestens so gut wie die Wettbewerber erfüllen müssen, hier darf es keine Schwächen geben.

==Die Relevanz der Ziele in der Kategorie bestimmt das Potenzial einer Positionierung.==

Aber auf welches differenzierende implizite Ziel sollen wir unsere Marke positionieren? Dazu müssen wir wissen, welche Ziele schon vom Wettbewerb belegt sind. Schauen wir uns exemplarisch einige Marken in der Bodylotion-Kategorie an (siehe Abb. 57).

Was man auf den ersten Blick sieht: Einige dieser Marken haben eine sehr hohe Übereinstimmung mit den in dieser Kategorie relevanten, impliziten

115

NIVEA	Pflege für jeden Tag, unkomplizierte Pflege, Schutz
Dove.	mich entspannen, Streicheleinheiten
L'ORÉAL®	Schönheit, nur das beste Produkt
GARNIeR Denk an Dich.	Frische, Belebung
Balea	Sparen

Abb. 57: Marken der Bodylotion-Kategorie sind mit unterschiedlichen Zielen verknüpft.

Zielen und andere nicht. Das Bild wird noch deutlicher, wenn man die relevantesten impliziten Ziele der Kategorie nimmt und berechnet, wie stark die einzelnen Marken mit diesen Zielen verknüpft sind. Dann ergibt sich folgendes Bild (siehe Abb. 58).

NIVEA	112
Dove.	101
L'ORÉAL®	93
GARNIeR Denk an Dich.	83
Balea	83

Abb. 58: Verknüpfungsstärke der Marken mit den relevanten Zielen der Kategorie Bodylotion.

Dabei stellen wir fest: Wenn wir einen Summenscore für die fünf wichtigsten mentalen Ziele wie „Pflege für jeden Tag" oder „Schutz" bilden, hat Nivea von allen Marken den höchsten Wert. Die Marktanteile zeigen, dass Nivea mit 21 Prozent mit großem Abstand vor Dove (13 Prozent) Marktführer ist. Dove wird in dieser Kategorie mit mentalen Zielen wie „mich entspannen" oder „Streicheleinheiten" assoziiert. Diese Ziele sind aber für deutlich weniger Menschen relevant, wenn sie Bodylotion kaufen. Die Marke Garnier wiederum besitzt die Ziele „Frische" und „Belebung", was angesichts der bunten Farben dieser Marke wenig überrascht. L'Oréal dagegen hat eine Stärke bei „Schönheit", aber Schönheit ist in der Kategorie Bodylotion kein relevantes Ziel. Deshalb kann L'Oréal in dieser Kategorie nicht so gut punkten wie Nivea.

Was aber, wenn wir eine Dachmarke für mehrere Produkte haben und wir damit die Positionierung der Marke nicht mehr auf eine einzelne Produktkategorie anpassen können? Dachmarken bzw. Mehrproduktmarken können nicht in jeder Kategorie gleich erfolgreich sein, denn das mit der Dachmarke assoziierte implizite Ziel ist nicht in allen Kategorien gleich relevant. So ist L'Oréal mit Schönheit verknüpft und da dieses Konzept beim Kauf einer Bodylotion nicht so relevant ist, wird diese Marke hier weniger erfolgreich sein. Geht es aber um Kategorien, in denen es um Schönheit geht, ist L'Oreal sehr erfolgreich, denn hier ist die Überschneidung groß. Die Markenziele von Nivea scheinen in diesem Fall weniger geeignet, denn wenn es um dekorative Kosmetik und Schönheit geht, ist das implizite Ziel Schutz weniger relevant.

Je größer die Überlappung zwischen dem relevanten Ziel in der Kategorie und dem der Marke, desto größer ist der Markterfolg in dieser Kategorie. Es geht immer darum, das explizite Kategorieziel mit dem impliziten Markenziel zu verbinden (siehe Abb. 59).

Im Prinzip kann jede etablierte Marke in vielen Kategorien aktiv sein, weil die Marke als Signal glaubwürdig die Erfüllung der Basisziele signalisiert, aber eben nicht überall gleich erfolgreich.

==Je besser der Kunde mit einer Marke seine Ziele in der Kategorie erreichen kann, desto größer ist der Markterfolg der Marke.==

Anregung: *Stellen wir uns vor, wir wollen ein Schaumbad in den Markt bringen. Welche Marke eignet sich besser: L'Oréal oder Dove?*

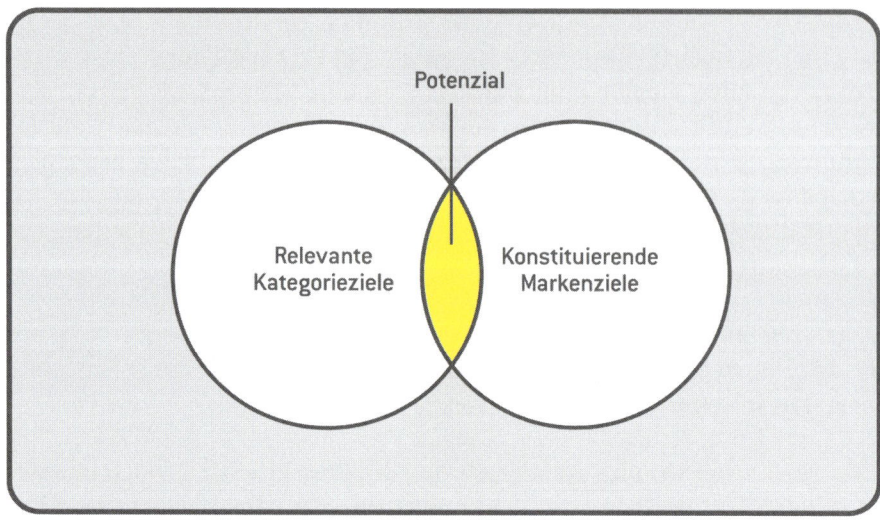

Abb. 59: Marken, die in mehreren Kategorien aktiv sind, können ihr Potenzial über die Passung mit den Kategoriezielen erhöhen.

Ziele helfen bei der Segmentierung

Die Potenzialanalyse der relevanten Kundenziele einer Kategorie hat noch einen weiteren Mehrwert: Sie liefert gleichzeitig die relevante Segmentierung der Kunden. Alle Kunden – sofern sie aus dem gleichen Kulturkreis kommen – haben eine ähnliche Statistik der Umwelt gelernt. Alle haben gelernt, wann Bodylotion benutzt wird, wann nicht und welche mentalen Ziele damit verbunden sind. Wo kommt nun die individuelle Persönlichkeit eines Menschen ins Spiel? Die Individualität besteht darin, welche der möglichen mentalen Konzepte ein Kunde als die für ihn wichtigsten ansieht. Nimmt man das Wort *Ziel*gruppe wörtlich, geht es bei der Segmentierung darum, zu erfahren, welche Ziele für wie viele Kunden in der Kategorie relevant sind. Relevanz kann zum Beispiel entstehen, weil eine Marke zu unserer Persönlichkeit passt. Das ist bei den meisten schnell drehenden Konsumgütern eher nicht der Punkt, denn wer reguliert über den Kauf einer Bodylotion oder eines Schokoriegels schon seine Persönlichkeit? Hier geht es oft mehr um die täglichen Rituale, zum Beispiel „Pflege für jeden Tag".

Zudem muss eine Segmentierung Konsequenzen für die Umsetzung haben, denn die ausgefeilteste Segmentierung hilft wenig, wenn unklar bleibt, wie genau die einzelnen Segmente angesprochen werden sollen – was also die richtigen Signale für einen Kundentyp sind. Hier liegt ein großer Vorteil im Ansatz, Kunden nach ihren Zielen zu segmentieren, denn wie wir gesehen haben, sind mit den Zielen regelgeleitet auch direkt die passenden Signale verknüpft.

Die Relevanz der mit einer Positionierung verknüpften Ziele in einer Kategorie bestimmt das Potenzial der Positionierung.

Produkt und Marke integrieren

Wir haben bislang den Weg von der Marke aus betrachtet, quasi ganz rechts im Pendel, also vom impliziten Ziel der Kunden her, für das die Marke steht. Viel häufiger aber als die Neupositionierung einer Marke, ist die Situation, dass wir unter einer bestehenden Marke ein spezifisches Produkt oder eine neue, spezifische Eigenschaft vermarkten müssen. Stellen wir uns vor, wir sind Marketingmanager bei einem Autohersteller. Unsere Ingenieure haben ein neues Bremssystem entwickelt, und nun wollen wir diese Innovation als Vorteil herausstellen. Wie gehen wir vor? Nutzen wir auch hier die Pendel-Metapher, wird klar, was die Aufgabe ist: Wir müssen herausfinden, wie das Pendel vom Produkt bis zum impliziten Ziel ins Schwingen gebracht werden kann. Dazu sind zwei Schritte nötig.

Im ersten Schritt geht es darum, zu eruieren, welche expliziten Basisziele mit dem neuen Bremssystem verbunden sind, worin der explizite Vorteil des Produktes liegt. In diesem Beispiel ist der zentrale Mehrwert ein verkürzter Bremsweg. Es reicht aber nicht aus, nur das Basisziel zu kommunizieren, denn hier fehlt die nötige Differenzierung. Jeder Autohersteller mit einem ähnlichen Bremssystem kann einen verkürzten Bremsweg als Vorteil verkaufen. Wie können wir diesen Vorteil markentypisch inszenieren und verkaufen? Im zweiten Schritt folgt deshalb die alles entscheidende Frage, welche höheren, mentalen Konzepte sind daran gekoppelt, und für wie viele der Kunden ist das ein relevantes Ziel, also ein erwünschter Zustand, der als belohnend empfunden wird?

Anregung: *An welche impliziten Ziele kann ein verkürzter Bremsweg angeschlossen werden? Der folgende Satz kann dabei helfen: „Das neue Bremssystem bietet einen kürzeren Bremsweg, deshalb / so dass … "*

Ein kürzerer Bremsweg ist natürlich mit Sicherheit verknüpft. Aber auch mit Professionalität, denn nur echte Könner benötigen einen so kurzen Bremsweg. Oder mit Fahrfreude, denn wenn der Bremsweg kurz ist, dann können wir ruhig etwas mehr Gas geben. Es gibt meist mehrere, aber nicht beliebig viele Möglichkeiten. Erst wenn wir alle möglichen mentalen Konzepte einer Produktkategorie offengelegt haben, kommt die Marke ins Spiel. Die Marke dient als eine Art Filter, denn nur diejenigen Konzepte sind glaubwürdig, die auch zur Marke passen. Und nur diejenigen Konzepte sind relevant, die zu einem Ziel der Kunden passen.

Ein Volvo könnte den verkürzten Bremsweg auch über das implizite Ziel Fahrspaß vermarkten, aber das passt nicht zur Marke und den mit ihr assoziierten Zielen und wäre deshalb wenig erfolgreich.

In der Kommunikation gilt es, den Produktvorteil markentypisch zu inszenieren und die expliziten Basisziele an die mit der Marke assoziierten impliziten Ziele anzubinden.

Das Produkt mit der Marke verbinden: Fallbeispiel Joghurt mit der Ecke

Wie können wir nun die Marke mit ihren Zielen glaubwürdig an das Produkt anbinden? Schauen wir uns das an einem Beispiel an. „Alles Müller oder was?" Wir kennen alle diesen Claim und den dazugehörigen Joghurt mit der Ecke. Es ist ein schönes Beispiel für die Überführung der zentralen Markenziele in ein Produkt und seine Eigenschaften. Was ist der Code dieses Produkts? Würde man Käufer des Joghurts mit der Ecke fragen, warum sie dieses Produkt essen, dann käme sicher als Antwort, weil er lecker ist, vielleicht auch, weil er sättigend ist, weil er cremig ist und viele Sorten anbietet. Diese Antworten sind wenig überraschend, denn welcher Käufer eines Joghurts würde darüber nicht sagen, dass er lecker ist. Dank dem Fettanteil sind auch Sättigung und Cremigkeit zu erwarten und die Anzahl der Sorten kann man schlicht im Regal zählen. Was aber ist der geheime, implizite Code des Joghurts mit der Ecke (siehe Abb. 60)?

Schauen wir uns das Produkt genau an. Es hat von oben betrachtet eine quadratische Form und besteht aus zwei Kammern. Diese unterteilen das Quadrat in zwei Bereiche. Allerdings wird das Quadrat nicht symmetrisch

Abb. 60: Der Joghurt mit der Ecke trennt Joghurt und Extra-Zutat wie Knusperflakes oder Fruchtmischung über unterschiedliche Kammern.

unterteilt. Am unteren rechten Rand ist eine Ecke abgetrennt. Beim Öffnen wird der Deckel abgezogen und der Inhalt beider Kammern ist nun verfügbar. Der Joghurt wird gerne gegessen, indem der Inhalt der kleinen in die große Kammer geschüttet wird. Beim Knicken der Kammer entsteht ein brechendes Geräusch. Was ist nun in all dem implizit kodiert?

Das Quadrat ist eine sehr stabile Form. Diese stabile Form wird durchbrochen, indem eine Ecke abgeknickt wird. Dabei entstehen nicht etwa zwei gleichschenklige Dreiecke – sondern es entsteht ein Dreieck und eine unsymmetrische Form. Aus einer stabilen Form wird eine instabile Form. Man durchbricht im übertragenen Sinne Stabilität. Das Produkt bietet also an, Struktur zu durchbrechen. Da der Joghurt satt macht, ist er weniger ein Nachtisch als vielmehr eine kleine Mahlzeit. Wann aber nehmen Menschen eine kleine Mahlzeit zu sich? In Pausen. Pausen durchbrechen den (Arbeits)Alltag und seine Routinen. Im übertragenen Sinne ist im Produkt Strukturbruch und ein kleiner Konventionsbruch kodiert.

In den frühen Werbespots wird genau dieser Code der Marke Müller Milch transportiert (siehe Abb. 61). Sie zeigen einen Elvis-Imitator, der sich heimlich etwas Spaß gönnt oder einen Transvestiten, der kindlich mit den Beinen baumelnd hinter der Bühne mit dem Joghurt spielt. Das Konzept „der kleine Konventionsbruch" ist auch hier implizit kodiert. Müller Milch hat es geschafft, die für die Marke konstituierenden Belohnungen, wie das Brechen mit Konventionen, in dieses Produkt zu überführen. Dadurch wirkt es glaubwürdig und ist differenzierend. Wie im Beispiel iPhone wird der im

Abb. 61: Beide Spots inszenieren die Psychologie des Joghurts mit der Ecke: Sie zeigen den „kleinen Konventionsbruch".

Produkt enthaltene implizite Code in der Kommunikation in den Fokus gerückt.

Markencodes geben Freiraum: Fallbeispiel Du darfst

Ein zentrales Thema im Marketing ist: Wie können wir die Kategorie bedienen und trotzdem differenzieren? Wir müssen die Basisziele der Kategorie aktivieren, aber wie können wir dann differenzieren, vor allem auf einer Verpackung mit all den Einschränkungen? Nehmen wir das Beispiel der Light-Marke Du darfst. Sie bietet ein breites Sortiment an Light-Produkten an, von der Butter bis zur Wurst. Wir haben schon die konstituierenden Elemente der Light-Kategorie kennen gelernt: Im Vergleich zu Muttermarken haben Light-Marken immer entsättigte Farben. Die Leichtigkeit wird über die Entsättigung der Farben kodiert. Diesen Code bedienen die Verpackungen von Du darfst auch. Sie verwenden demnach den Prototyp der Light-Kategorie, sind dadurch aber austauschbar. Und das ist das zentrale Dilemma: die Kategoriecodes zu zeigen und gleichzeitig zu differenzieren (siehe Abb. 62).

Abb. 62: Die Farben auf den Verpackungen von Du darfst sind ungesättigt, was dem Prototyp von Light-Produkten entspricht.

Wenn wir aber von den Zielen her denken: Was ist denn das Ziel, warum wir den einen Käse und nicht den anderen kaufen, was ist die zentrale Belohnung? Der Käse muss schmecken. Bevor wir auf den Fettanteil des Käses achten, wollen wir einen Käse, der schmeckt. Er soll gut schmecken und dann auch noch leicht sein, aber nicht umgekehrt. Hier kommt nun die Marke ins Spiel. Das Markenlogo Du darfst aktiviert die Kategorie „Light", wie eine entsprechende Analyse zeigt. Wenn wir das wissen, können wir definieren, welche Rolle die Marke auf der Verpackung hat. Es geht nicht nur um Wiedererkennung oder Branding, sondern vor allem um die Aktivierung von relevanten impliziten Zielen. Wenn schon das Markenlogo das Konzept „Light" aktiviert, können wir über die anderen Signale auf der Verpackung das zentrale Geschmacksziel kommunizieren. Das ist auch deshalb wichtig, weil Du darfst nicht wie andere Marken eine große Schwester hat, von der der gute Geschmack abstrahlt (siehe Abb. 63).

Abb. 63: Die Butter-Verpackung links wurde von Du Darfst früher genutzt. Die neue Verpackung rechts ist in ganz anderen Farben gehalten.

Früher hat das Du darfst auch so eingesetzt. Die Farbe der Butter war ein tiefes, gesättigtes Blau. Der Sättigungsgrad der Farbe ist hier ein Code für Geschmack. Wenn wir wissen, welche Ziele unsere Marke aktiviert, gibt es Spielraum für die Differenzierung, was wir mit den anderen Signalen aktivieren können.

Die wesentlichen Punkte dieses Kapitels auf einen Blick:

- Je besser der Kunde mit einer Marke seine Ziele in der Kategorie erreichen kann, desto größer ist der Markterfolg der Marke.
- Marke ist ein Signal, das für implizite Ziele steht. Wir müssen deshalb wissen, bei welchem impliziten Ziel unsere Marke aktiviert wird.
- Die Relevanz der impliziten Ziele in der Kategorie bestimmt das Potenzial einer Positionierung.
- Marken verbessern die objektive Wirkung von Produkten.

Packvertising: Verpackungen wirken

„Die Verpackung hat einen signifikanten Einfluss auf die Marken-präferenz.“

Prof. Dieter Ahlert

Was Sie in diesem Kapitel erwartet: Kunden lesen keine Strategiepapiere, sie müssen über die Signale erfahren, was ein Produkt anbietet. Dabei spielt die Verpackung eines Produktes eine herausragende, aber oft unterschätzte Rolle. In diesem Kapitel erfahren Sie, wie Verpackungen wirken und wie man diese Wirkung optimieren kann.

Verpackungen sind Teil des Produktes

Angesichts der Diskussionen im Marketing scheinen die Themen Marke und Kommunikation die wichtigsten zu sein. Vor dem Hintergrund der Kosten ist das verständlich. Allerdings werden 80 Prozent der Produkte im Supermarkt nicht kommunikativ über TV, Plakat oder Anzeigen unter-stützt. Hier muss die Verpackung die relevanten und differenzierenden Belohnungen übermitteln. Die Verpackung muss wie eine Art Werbespot im Regal funktionieren, man spricht deshalb auch vom *Packvertising*. Zu-dem fällt bekanntlich der Großteil der Kaufentscheidungen im Supermarkt direkt am Regal und hier spielt die Verpackung eine zentrale Rolle. Das Bei-spiel Tropicana hat schon gezeigt, dass die Verpackung nicht nur die Hülle des Produktes ist. Die Verpackung mit all ihren Signalen – seien es Farbe, Form, Haptik oder das Handling – ist ein Teil des Produktes, der für sich in der Lage ist, das Pendel in Schwung zu bringen und das Kaufverhalten zu beeinflussen. Fehler bei der Verpackung wirken sich oft dramatisch auf den Abverkauf aus.

Die Verpackung ist nicht nur im Supermarkt wichtig, sondern auch zu Hause. Wird eine Haarkur in einer Kartonverpackung verkauft, ist diese Verpackung im Regal, am Point of Sale (POS), zu sehen. Sie wird aber zu Hause nach dem Auspacken weggeworfen. Was übrigbleibt, in diesem Fall zum Beispiel eine Dose oder Tube, gehört ebenfalls zur Verpackung und beeinflusst über Placebo-Effekte die Wirkung des Produktes. Es zählt also nicht nur der Point of Sale, sondern auch der Point of Action zu Hause. Hier ist die Verpackung bei vielen Produkten in die täglichen Routinen und Rituale mit eingebunden. Sie wirkt wie ein TV-Spot im Bad oder im Kühlschrank, mit sehr hoher Kontaktfrequenz. Die Verpackung ist Teil des Produktes und ist damit ein Code, der über die vielfältigen Signale die impliziten Ziele adressieren kann, die Kunden mit dem Produkt erreichen können.

Oft werden hier Chancen vergeben, weil nur das explizite Basisziel kommuniziert wird. Auf Verpackungen wird häufig geschrieben, was es für ein Produkt ist und was man damit tun soll – dass aber eine Tütensuppe eine Suppe ist, addiert wenig. Es geht also darum, über Codes auch die relevanten und differenzierenden impliziten Ziele glaubwürdig über die Verpackung zu kommunizieren. Denn dafür sind Kunden sogar bereit, einen Aufpreis zu bezahlen, wie wir gesehen haben.

Abb. 64: Coors Light nutzt in den USA ein Flaschenetikett, das sich verfärbt, sobald die Flasche eine Temperatur von zwei Grad Celsius erreicht.

Die Biermarke Coors Light hat kürzlich eine innovative Verpackung auf den Markt gebracht (siehe Abb. 64). Die Positionierung lautet „Erfrischung so kühl wie die Rockies" („Refreshment as cold as the rockies"). Diese

Positionierung wird von der Verpackung aufgegriffen, nämlich über die so genannte Cold Activated Bottle: Die Bierflasche verfärbt sich blau, wenn das Bier eine bestimmte Temperatur hat und signalisiert damit Kälte, Frische und Erfrischung. Insgesamt ist die Verpackung – und nicht das Bier selbst – zuständig für die Glaubwürdigkeit der Positionierung, denn jedes Bier erfrischt, wenn es kühl ist. Die Verpackung hat also ein differenzierendes Signal, das eine direkte Koppelung an die Belohnung „Erfrischung" hat. Aber ist das denn nicht nur ein Gimmick? Ist das nicht „nur" Verpackung? Schauen wir uns das etwas genauer an.

Wie Verpackungen wirken

Nicht nur die Placebo-Forschung, sondern auch viele psychologische Experimente zeigen, dass Signale wie die Farbe einer Tablette oder der Nivea-Verpackung keine rein ästhetische Funktion haben, sondern nachhaltig wirken. Verpackungen sind ein wahrnehmbarer und deshalb relevanter Kontext für das Gehirn. Sie beeinflussen die Zahlungsbereitschaft und die Gesamtwirkung von Produkten. Die Labels auf Weinflaschen etwa haben in einer Studie der University of California die Zahlungsbereitschaft je nach Gestaltung verdoppelt oder halbiert. Aber nicht nur die Bilder einer Verpackung wirken, sondern alle Sinne spielen eine Rolle. Nehmen wir das Beispiel der Haptik, wie sich eine Verpackung in der Hand anfühlt. Wir wissen ja schon, dass das mentale Pendel im Autopiloten über alle fünf Sinne angestoßen werden kann. Eine Studie der Universität Michigan untersuchte den Einfluss haptischer Reize auf die Beurteilung eines mit Zitronengeschmack angereicherten Mineralwassers. Dabei wurde die Haptik der Becher variiert: Sie waren identisch bis auf ihre Konsistenz bzw. Festigkeit und das hatte einen signifikanten Einfluss auf die Bewertung der Qualität des Mineralwassers und der Kaufbereitschaft. Wurde die Festigkeit des Bechers reduziert, sank auch die Kaufbereitschaft, egal, ob die Probanden den Becher sehen konnten oder ihre Augen verbunden waren. Über die unterschiedliche Haptik wurden implizit andere mentale Konzepte aktiviert und das veränderte die Präferenz und die Kaufbereitschaft.

Für Verpackungen gilt also das gleiche wie für alle anderen Kontaktpunkte mit einem Produkt auch: Wir erfassen die Verpackung mit unseren Sinnen und auch die Prinzipien des Embodiment gelten hier. Über die sensorischen Codes und die Handlungen (real oder simuliert) werden mentale Konzepte im Autopiloten aktiviert und die bestimmen das Verhalten, wenn sie zu einem relevanten Ziel der Kunden passen, wenn sie also relevante Belohnungen darstellen. Wenn scheinbar periphere Eigenschaften der Verpackung geändert oder definiert werden, ist es wichtig, zu eruieren, ob die damit gekoppelten mentalen Konzepte mit der intendierten Positionierung übereinstimmen oder sie zumindest nicht torpedieren wie im Beispiel Tropicana.

==Verpackungen sind mehr als die Hülle für das Produkt, sie sind Teil des Produktes und können relevante Belohnungen und implizite Ziele kommunizieren.==

Wie auch bei Verpackungen das Embodiment erfolgreich genutzt werden kann, um mentale Ziele zu bedienen, zeigt das Beispiel Fanta in Japan. Coca-Cola Japan hat den Fanta Furu Furu Shaker auf den Markt gebracht (siehe Abb. 65). Das Produkt ist ein kohlensäurehaltiges Gelee, das erst durch mehrmaliges Schütteln der Dose trinkbare Konsistenz erreicht. Da wir das Gelee aber erst sehen, wenn wir geschüttelt haben – denn erst dann öffnen wir die Dose – ist das eigentliche Signal die Schüttelbewegung. Das führt zu einem anderen Produkterleben und damit über Placebo-Effekte auch zu einem anderen Geschmackserlebnis. Über diese scheinbar unwichtige Veränderung in der Handhabung erzielte Coca-Cola Japan in den ersten sechs Monaten der Produkteinführung einen Umsatz von 170 Millionen US-Dollar.

Abb. 65: Eine Innovation von Coca-Cola, die Japan im Sturm erobert hat: Fanta Furu Furu Shaker, ein Gelee-Drink mit Kohlensäure.

Coca-Cola hat das Konzept weiterentwickelt und mittlerweile eine Variante mit zugesetzten Vitaminen (Fanta Furu Furu Charge) im Sortiment, die das Schütteln der Dose zu einem Aufladeritual werden lässt. Auch andere Firmen haben die Idee aufgegriffen und bieten alkoholische Gelee-Drinks (Choya) und Pudding Shakes (Namuco) an. Ob allerdings die Pudding Shakes ähnlich erfolgreich sein werden, ist in Frage zu stellen. Denn es geht hier um das Schütteln und weniger um das Gelee selbst. Es ist fraglich, ob die durch das Schütteln aktivierten Konzepte wie Spaß oder Spritzigkeit zu Pudding passen bzw. für wie viele Kunden Spaß und Spritzigkeit relevante Belohnungen beim Konsum von Pudding sind.

Auch Signale, die für die eigentliche Funktion des Produktes unwichtig erscheinen, können im Autopiloten der Kunden relevante und differenzierende Konzepte aktivieren.

Verpackungen sind Codes für Konsumziele

Es gibt sehr viele Diskussionen um die formalen Aspekte von Verpackungen: die Größe der Störer, die Platzierung des Markenlogos und vieles mehr. Um die Qualität eines Designs zu bewerten, wird oft die interne Konsistenz als Maßstab herangezogen, ob zum Beispiel die neue Verpackung ähnlich aussieht wie die alte. Das ist nachvollziehbar und hat gute Gründe, ist aber kein Treiber von Kaufverhalten. Der Kunde kauft das Produkt nicht, weil die neue Variante die gleichen formalen Bestandteile hat – damit hilft man dem Kunden nicht, sein Ziel zu erreichen. Die Absicht im Marketing ist es zudem, zu wachsen, und das können wir nur, wenn wir den Kunden eine bessere Zielerfüllung signalisieren oder ein neues Ziel in die Kategorie integrieren. Und das bedeutet, dass wir auch andere Signale nutzen müssen. Konsistenz brauchen wir bei den konstituierenden Markensignalen, alle anderen Signale sollten die spezifischen Belohnungen dieser Produktvariante transportieren. Man sieht an dieser Stelle, wie wichtig es ist, die konstituierenden Signale der Marke zu kennen und wir haben auch gesehen, dass diese oft weit über formale Elemente hinausgehen.

Nehmen wir die Trinkflasche von Activia (siehe Abb. 66). Sie kommuniziert durch ihre Form direkt das differenzierende Ziel, das man mit diesem Produkt erreichen kann: eine gute Verdauung und die Reduktion des Blähbauchs.

Ein weiteres Beispiel, wie man stringent von der Positionierung zur Verpackung kommt, ist die Wassermarke Active O2 (siehe Abb. 67). Sauerstoff

Abb. 66: Die Joghurt-Trinkflasche von Activia kommuniziert über die taillierte Verpackung die Ziele, die mit der Marke verknüpft sind.

ist mit Vitalität und Belebung gekoppelt, weil wir ohne Sauerstoff nicht leben können. Es geht nicht darum, ob wir damit wirklich mehr Sauerstoff aufnehmen, sondern es ist ein Code, der in unserem Gehirn sofort die Verbindung zur Vitalität aktiviert. Und dies ist auch die geeignete Sicht auf Glaubwürdigkeit: Es geht nicht um technische Nachvollziehbarkeit, sondern darum, ob es im Autopiloten der Kunden eine intuitiv gelernte Koppelung vom Signal „Sauerstoff" zum mentalen Konzept „Vitalität und Belebung" gibt.

Die Kommunikation von Active O2 signalisiert nicht nur Schnee und damit Frische, sondern die Skifahrer fahren sehr weit oben, dort, wo kein anderer fährt; diese Pisten sind unberührt. Die Art, wie sie fahren, ist mit Power, Dynamik und Sportlichkeit gekoppelt. Dies wird auch in der Verpackung aufgegriffen. Die Form und die Öffnung erinnern an den Prototyp einer Sportflasche. Sie ist auch nicht so schwer wie zum Beispiel eine Glasflasche.

Der Powerstoff mit Sauerstoff

Abb. 67: Active O2 arbeitet mit dem Signal „Sauerstoff", das für Aktivität und Belebung steht.

Das Trinken entspricht dem prototypischen Trinken während bzw. nach dem Sport. Nun soll es aber kein reines Sportgetränk sein, denn das wäre eine zu kleine Nische. Das wird durch die Sorten sichergestellt. Sorten wie Mango oder Himbeeren sind untypisch für den Kontext Sport. Das Produkt mit all seinen wahrnehmbaren Eigenschaften transportiert implizit Aktivität, Power und Dynamik im Alltag.

Die Signale der Verpackung, seien sie sensorisch oder durch das Embodiment bestimmt, müssen zur intendierten Positionierung passen. Die Statistik der Umwelt bietet hierfür die objektive Grundlage und ist gleichzeitig die Basis für Glaubwürdigkeit.

Die Codes der Verpackung zielgenau steuern

Im Marketingalltag geht es darum, bei den Diskussionen rund um eine neue Verpackung einen systematischeren und objektiveren Zugang zu erhalten. Wie können wir die Codes der Verpackungen steuern, ohne auf

Geschmacksurteile und persönliche Präferenzen zurückgreifen zu müssen? Auch hier helfen uns die Statistik der Umwelt und die Lerngesetze im Gehirn. Schauen wir uns das an Beispielen an. Wenn es das Ziel ist, „leichter Keks" zu kommunizieren: Welche der beiden Verpackungsvarianten ist besser geeignet (siehe Abb. 68)?

Abb. 68: Der Inhalt der Kekspackungen unterscheidet sich nicht und doch schmeckt eine der beiden für Konsumenten „leichter".

Um eine Entscheidung nach Geschmack zu vermeiden und eine objektive Antwort zu geben, müssen wir uns die Statistik der Umwelt anschauen, was unser Gehirn in Bezug auf „leichte Dinge" gelernt hat. Wohin fliegen leichte Dinge? Die spontane Antwort ist oft „nach oben". Aber natürlich fliegen auch leichte Objekte wegen der Schwerkraft nach unten. Wir haben aber durch unsere Alltagserfahrungen gelernt, dass Schweres uns nach unten drückt, wenn wir zum Beispiel einen schweren Koffer tragen müssen. Und Leicht ist das Gegenteil von Schwer. Das Gehirn lernt über die endlos vielen Situationen, in denen „leicht" und „oben" gemeinsam auftreten, dass diese beiden Signale gekoppelt sind. Das zugrundeliegende Lerngesetz lautet auch hier „What fires together wires together". Nervenzellen, die wiederholt gleichzeitig feuern, verdrahten sich immer stärker. Durch dieses Lerngesetz und die Statistik der Umwelt wird „oben" ein Code für „leicht".

Es überrascht deshalb nicht, dass laut einer Studie von Forschern der Ohio State University, die meisten Befragten die Verpackung, bei der die Kekse unten liegen, als schwerer empfinden. Ist deshalb die andere Verpackung „besser"? Die im Alltag oft gestellte Frage „Welches Design ist *besser?*" müssen wir vor dem Hintergrund der Codes und der Ziele durch die Frage

„Welches Design ist für das intendierte Ziel das richtige?" ersetzen. Die Antwort nach Richtig oder Falsch hängt von dem Ziel ab, das die Kunden mit dem Produkt erfüllen wollen. Und genau das zeigt sich auch in der Studie: Bei Produkten, deren „Schwere" als positiv erlebt wird (z.B. Schokoladen-Kekse), bevorzugten die Befragten Verpackungen, bei denen das Produkt unten gezeigt wird. Hingegen werden bei Light-Produkten Verpackungen bevorzugt, bei denen das Produkt weiter oben abgebildet ist. Es scheint also nicht darum zu gehen, was schöner ist, den Konsumenten besser gefällt, sondern darum, welches Ziel die Konsumenten damit erreichen wollen.

==Die Statistik der Umwelt gibt klare und objektive Regeln, ob die Signale das intendierte Ziel adressieren oder nicht.==

Strategische Entscheidungen ersetzen also Geschmacksentscheidungen oder Mehrheitsentscheidungen bei Konsumentenbefragungen. Die Evaluation wird klarer, wenn wir das durch die Signale aktivierte mentale Konzept bzw. das Ziel der Kunden als Referenz für die Beurteilung haben, denn durch die Statistik der Umwelt gibt es dann klare und objektive Regeln, ob eine Verpackung das intendierte Ziel, also die Strategie, besser transportiert oder nicht.

Glaubwürdig und kreativ: Die Statistik der Umwelt nutzen

Man könnte nun meinen, dass die Erkenntnisse zur Statistik der Umwelt und den Leitplanken im Gehirn, die Kreativität einschränken. Dem ist aber nicht so. Wir müssen prototypisch für das Basisziel sein, aber nicht aussehen wie alle anderen auch, denn sonst erreichen wir keine Differenzierung. Kreativität ist wichtig, aber sie muss glaubwürdig sein. Und glaubwürdig ist für das Gehirn vor allem, wenn wir ein Ziel, das wir mit einem Produkt erreichen wollen, in den Signalen der Verpackung wahrnehmen können. Genau hier helfen die Erkenntnisse des Embodiment und der Statistik der Umwelt, denn hier liegt die Basis unserer Alltagserfahrung, und nur dadurch entsteht Glaubwürdigkeit. Wie ein Blick auf das Embodiment und die Statistik der Umwelt helfen kann, zeigt das Beispiel Short Black von Nescafé Australien. Was hier inszeniert wird, sind die zentralen Eigenschaften, die Espresso von Kaffee unterscheiden (siehe Abb. 69).

Abb. 69: Ein Espresso ist klein, schwarz und stark. Diese prototypischen Elemente wurden in der Verpackung von Nescafé Short Black umgesetzt.

Nach der Statistik der Umwelt ist der Espresso kleiner und kräftiger („der Kurze"). Die Signale der Verpackung transportieren genau das, was man von einem Espresso will. Das Beispiel zeigt, wie man auch über das Basisziel in einer Kategorie gewinnen kann, indem man es besser zum Ausdruck bringt als andere.

Eine weitere kreative Umsetzung, die trotzdem glaubwürdig und relevant ist, zeigt das Beispiel des Gewürzes Easy Tasty Magic. Kunden bezahlen für 100 ml Gewürz fast 20 Euro. Es muss also ein relevantes mentales Konzept dahinterliegen, denn Gewürze können wir sonst für einen Bruchteil des Geldes kaufen. Was aber ist der Code hinter diesem Verpackungskonzept (siehe Abb. 70)?

Sieht man sich die altertümliche Schrift, Bezeichnungen wie „Angel Mist and Broken Halos", oder den Claim „Spellbinding Flavours" an, erinnert das an Rezepte aus vergangener Zeit. Die Gefäße sind teilweise an Kosmetik angelehnt, gleichen aber eher denen von Hand gemischter Cremes. Der Code hier ist „Hexenrezept" und verknüpft das Gewürz mit Magie. Das ist glaubwürdig, weil wir alle die Geschichten kennen, bei denen der Magier oder die Hexe mit Gewürzen einen Zaubertrank oder ein spezielles Gericht zubereitet.

Abb. 70: Die Produkte von Easy Tasty Magic sind mehr als Gewürze. Das signalisieren schon die Verpackungen und Namen.

Kreativität ist dann hilfreich, wenn dadurch die relevanten und differenzierenden Ziele des Kunden glaubwürdig adressiert werden.

Wie man die Relevanz von Verpackungen erhöht

Sieht man die Verpackung von Easy Tasty Magic mit den magischen Gewürzen, kann man wieder die Frage aufwerfen: Ist das einfach nur lustig und kreativ oder wirkt so etwas wirklich? Fakt ist, dass der Autopilot im Kopf intuitiv und automatisch das dahinterliegende, mentale Konzept „Gewürz mit Magie" dekodiert. Auch wenn es sich bei diesem Beispiel eher um ein Nischenprodukt handelt, wollen wir daran nochmals zeigen, wie solche Verpackungen im Gehirn wirken und wie wir durch diese Erkenntnisse die Relevanz von Verpackungen erhöhen können.

Der bekannte Neuroökonom und Marketingprofessor Peter Kenning untersuchte in einem neurowissenschaftlichen Experiment die Frage, wie das Gehirn auf attraktive und relevante Verpackungen reagiert. Dabei sollten Probanden zum Beispiel Pizza-Verpackungen von Handelsmarken und

137

Premium-Marken bewerten, während sie im Hirnscanner lagen. Es zeigte sich, dass bei den als attraktiv beurteilten Verpackungen unter anderem das episodische Gedächtnis stärker aktiviert wurde. Diese Gedächtnisform ist beim Menschen besonders ausdifferenziert. Hier werden all die Geschichten und Episoden abgelegt, die wir im Alltag erleben, unter anderem auch unsere eigene Autobiografie, wie zum Beispiel Erinnerungen an die Studentenzeit oder den ersten Kuss. Attraktive Verpackungen stellen durch entsprechende Codes einen Bezug zu unserem Leben und unseren Erlebnissen her. Sie schaffen darüber einen impliziten Kontext, der das Produkt attraktiver werden lässt.

Ein Signal für den relevanten Kontext eines Produktes ist deshalb so mächtig, weil unser Gehirn alles kontextabhängig wahrnimmt und abspeichert. So erinnern wir die Dinge besser, wenn wir uns wieder in dieselbe Situation hineinbegeben, in der wir sie gelernt haben. Wir alle kennen das aus unserem Alltag: Um die gesuchten Schlüssel zu finden, aktivieren wir den gesamten Kontext, zum Beispiel, wo wir zuletzt waren, was wir da gemacht haben usw.

==Wenn die Signale auf der Verpackung persönliche Erlebnisse aktivieren, erhöht sich dadurch die Relevanz für den Kunden.==

Wie können wir das nutzen? Wenn unsere Verpackung oder werbliche Kommunikation durch episodische Codes Alltagserlebnisse aus dem Leben der Kunden aktiviert, steigert das die Relevanz und die Erinnerungsleistung. Kunden können die Informationen dann besser in ihre Erfahrungen integrieren. Bei der Gestaltung von Verpackungen geht es also auch darum zu verstehen, in welchen Kontext das Produkt im Alltag eingebunden ist. Wann wird das Produkt genutzt, wo wird es genutzt, vom wem wird es genutzt, was tun wir immer vorher und was danach? Kennen wir den Kontext, den der Autopilot im Kopf der Kunden mit dem Produkt verbindet, können wir diesen Kontext über entsprechende Signale auf der Verpackung reaktivieren und damit die Verpackung differenzierender und relevanter gestalten.

Die Marke Brutzel Sauce von Bautz'ner illustriert das an einem einfachen Beispiel (siehe Abb. 71). Hier wird der Kontext „Grillen" alleine durch den Namen aktiviert. Man hört förmlich das Brutzeln des Fleischs auf dem Feuer. Schauen wir uns vor diesem Hintergrund die Buchstabensuppe von Knorr an (siehe Abb. 72). Wann und für wen kochen wir diese Suppe? Wann

Abb. 71: Der Name ist Programm. Explizit wird das Thema Grillen nicht erwähnt, doch der Nutzungskontext wird über das Wort „Brutzel" angestoßen.

essen wir normalerweise eine Buchstabensuppe? Welche Situation ist daran gekoppelt? Welche Ziele haben wir in diesem Kontext, was sind die relevanten Belohnungen?

Abb. 72: Die Tütensuppen von Knorr rechts aktivieren den Nutzungskontext über Themen und Bilder wie Dinosaurier oder Piraten.

Eine Buchstabensuppe wird eher für Kinder zubereitet. Die Mutter kauft diese Art von Suppe nicht für pädagogische Zwecke, sondern weil sie Spaß macht. Dieser Kontext wird aber auf der Verpackung von Knorr nicht aktiviert. Nimmt man nur die Verpackung, wird derselbe Kontext geöffnet, wie bei allen anderen Anbietern: eine Suppe servieren. Damit hat man aber

Potenzial für mehr Relevanz verpasst. Die Dino-Suppe von Knorr zeigt, wie es funktionieren kann. Hier aktivieren die Signale den relevanten Alltagskontext, und dieser implizite Kontext erhöht die Relevanz der Verpackung für den Kunden.

Mentales Shopping: Tagträume im Kopf

Verpackungen gewinnen an Relevanz, wenn sie Erinnerungen aktivieren, wie zum Beispiel Geschichten aus dem persönlichen Alltag. Nach dem gleichen Prinzip wie die implizite Simulation des Umgangs mit der Tasse im Gehirn kann ein Signal einen Zugang aufmachen zu Situationen und Erlebnissen, die wir implizit damit verbinden. Auf die Simulation solcher Situationen ist unser Stirnhirn spezialisiert. Warum geben so viele „Shopping" genauso als Hobby an wie Reisen oder Musikhören? Warum stöbern viele so gerne in Katalogen und Warenhäusern, flanieren an Schaufenstern vorbei und lassen sich von den dargebotenen Produkten inspirieren? Nach dem Kulturwissenschaftler Wolfgang Ullrich geht es dabei in erster Linie um die Lust an der Fiktion und am Tagträumen:

„Es ist die Unterhaltung im Dialog mit sich selbst, die man so genießen kann, und damit eine angenehme Form, die eigene Individualität zu gestalten und über Schwächen oder Ängste hinweg zu fiktionalisieren."

Die Erfüllung eines Zieles kann demnach auch nur simuliert sein, also rein implizit erfolgen.

Dabei ist Tagträumen, dem ja oft nicht der beste Ruf vorausgeht, eine der zentralen Fähigkeiten des Menschen. Zum Beispiel gilt Tagträumen als Basis für Kreativität. So sagt etwa Malia Mason, Neurowissenschaftlerin an der Columbia University:

„Tagträume basieren auf der grundlegenden Fähigkeit von Menschen, sich in imaginäre Situationen zu begeben, zum Beispiel die Zukunft. Ohne diese Fähigkeit wären wir ziemlich limitierte Wesen."

Neurowissenschaftler haben vor kurzem entdeckt, wie Tagträume und damit ein wesentlicher Aspekt von modernem Konsum im Gehirn funktionieren. In unseren Köpfen existiert, so die Erkenntnis, ein spezifisches neuronales Netzwerk zum Tagträumen, das so genannte „Default Network". Beteiligt sind im Wesentlichen das vordere Stirnhirn, und der Hippocampus, das Gedächtniszentrum. Bei Tagträumen werden Erinnerungen aktiviert und im Stirnhirn als Material für Tagträume eingesetzt. Auf diesem Wege simulieren wir oft die Zielerreichung, die wir mit einem Produkt wie dem Deo von Axe in Verbindung bringen. Auch diese Simulation ist für das Gehirn sehr belohnend, wie streben deshalb Tagträume auch an.

Entdeckt wurde dieses Tagtraum-Netzwerk durch einen Zufall. Neurowissenschaftler legen Menschen gerne und oft in den Hirnscanner. Dabei sollen die Probanden bestimmte Aufgaben wie z.B. Kaufentscheidungen vollziehen. Dabei entdeckte man, dass das Gehirn auch in Momenten sehr aktiv ist, während denen die Probanden gar nichts tun, weil sie zum Beispiel auf die nächste Aufgabe warten. Auch wenn wir nichts tun, ist unser Gehirn aktiv. Warum? Weil wir beim Nichtstun (zumindest im Hirnscanner) unseren Tagträumen nachgehen. Dasselbe Netzwerk wird auch aktiv, wenn wir uns künftige Situationen und Möglichkeiten ausdenken („Prospection") – wenn wir zum Beispiel am Schaufenster stehen und uns alle möglichen Gelegenheiten vorstellen, in denen wir die Jeans oder das Mountainbike nutzen werden. Hier geht es wieder um das Management unseres Selbst im Stirnhirn. Diese Fähigkeit ist die Basis für Konsum: Es reicht uns aus, wenn wir mit der Produktnutzung die Zielerreichung simulieren, und die Placebo-Effekte helfen uns sogar dabei, daraus eine selbsterfüllende Prophezeiung zu machen. Man erobert mit dem Deo Axe nicht alle Frauen, aber die mentale Simulation, der Tagtraum, ist schon das Geld wert.

Die Signale auf der Verpackung aktivieren Erwartungen: Wir erwarten eine Zielerreichung und für unser Stirnhirn ist das schon eine Belohnung, für die wir bereit sind, einen Aufpreis zu bezahlen.

Das Regal als Kontext

Der Autopilot im Kopf der Kunden verarbeitet immer den Kontext mit. Wie kann man das für die Gestaltung von Verpackungen nutzen? Nehmen wir das Beispiel der erfolgreichen Sylter Salatfrische (siehe Abb. 73).

Das Produkt ist untypisch für eine Salatsauce. Anders als sonst üblich wird kein Salat auf der Verpackung gezeigt. Auch sonst fehlen viele der proto-

Abb. 73: Die Erfolgsstory aus dem Kühlregal. Obwohl die Packung der Sylter Salatfrische keinen Salat zeigt.

typischen Codes von Salatdressings. Das Produkt wird auch nicht beworben. Warum ist die Sylter Salatfrische trotzdem so erfolgreich? Wenn wir uns anschauen, wo die Sylter Salatfrische im Supermarkt steht, dann ist das im Kühlregal neben den Salaten. Das heißt der Kontext des Regals macht klar, dass es sich hier um ein Salatdressing handelt und dass es sich um ein frisches, da gekühltes Produkt handeln muss. Der Kontext Kühlregal kodiert Frische und der Kontext Salat signalisiert die Kategorie Salatdressing. Da die relevante Kategorie schon über den Kontext deutlich wird, bietet die Verpackung nun Möglichkeit und Platz für eine differenzierende und innovative Gestaltung.

==Wo das Produkt am Point of Sale steht, ist ein Signal, das wir nutzen können.==

Verpackungen hirngerecht evaluieren

Der Kontext ist auch für die Bewertung von Verpackungen wichtig. In der Regel werden dem Konsumenten in der Marktforschung die Design-Alternativen ohne Kontext und ohne Ziel zur Bewertung vorgelegt. Zum Beispiel sollen sie angeben, ob die Verpackung gefällt, zur Marke passt, glaubwürdig, relevant und verständlich ist. Und natürlich, ob sie aufgrund dieses Designs

142

das Produkt eher kaufen würden. Für unser Gehirn ist das alles aber ohne Ziel nicht zu entscheiden. Schöner oder besser in Bezug auf was? Gibt man kein Ziel vor, wählt der Proband seinen eigenen Referenzrahmen wie zum Beispiel Ästhetik oder persönliche Farbvorlieben. Meist ist das aber nur ein persönliches Geschmacksurteil.

Oft werden Verpackungen gemocht, die nahe an dem sind, was wir kennen, zum Beispiel weil sie an die alte Verpackung erinnern oder dem Prototyp eines „schönen" Layouts entsprechen. Das ist ein Grund dafür, warum Innovationen und Veränderungen häufig abgelehnt werden und differenzierende Umsetzungen durchfallen. Es ist deshalb sehr wichtig, dass wir bei solchen Messungen immer den Kontext definieren und das Ziel angeben, auf das bezogen der Befragte die Verpackung bewerten soll. Wenn wir unsere Produktrange auf ein neues Design umstellen, ist es wichtig, bei jedem Produkt das Ziel in die Fragen zu integrieren. Statt zu fragen „Welche Bodylotion würden Sie eher kaufen" ist es besser zu fragen: „Welche Bodylotion würden Sie eher kaufen, wenn Sie eine *Hautpflege für jeden Tag* wollen?".

==Beurteilungen durch Konsumenten müssen im Kontext der Ziele erfolgen, die mit dem Produkt erreicht werden sollen.==

Die wesentlichen Punkte dieses Kapitels auf einen Blick:

- Verpackungen sind mehr als die Hülle für das Produkt, sie sind Teil des Produktes und können mentale Konzepte oder Ziele aktivieren.
- Wenn die Signale auf der Verpackung persönliche Erlebnisse aktivieren, erhöht sich dadurch die Relevanz für den Kunden.
- Kreativität ist dann hilfreich, wenn dadurch die relevanten und differenzierenden Ziele des Kunden glaubwürdig adressiert werden.
- Die Signale der Verpackung, seien sie sensorisch oder durch das Embodiment bestimmt, müssen zur intendierten Positionierung passen. Die Statistik der Umwelt bietet hierfür die objektive Grundlage und ist gleichzeitig die Basis für Glaubwürdigkeit.
- Signale, die für die eigentliche Funktion des Produktes unwichtig erscheinen, können relevante und differenzierende Konzepte aktivieren.
- Beurteilungen durch Konsumenten müssen im Kontext der Ziele erfolgen, die mit dem Produkt erreicht werden sollen.

Kommunikation:
Produkte mit Zielen aufladen

„Das Hauptproblem der Kommunikation besteht in der Kommunikation – zwischen Auftraggeber und Agentur."   Toni Segarra

Was Sie in diesem Kapitel erwartet: Die klassische Kommunikation spielt im Marketing-Mix weiterhin eine sehr wichtige Rolle. Das drückt sich auch in den dafür bereitgestellten Budgets aus. Eine der großen Herausforderungen ist die Frage: Was sollen wir verändern und was behalten? In diesem Kapitel zeigen wir einen neuen Zugang zu diesem täglichen Spagat zwischen Konsistenz und Neuartigkeit. Darüber hinaus schauen wir uns an, was eigentlich erfolgreiche Kommunikation auszeichnet und wie man die richtigen und wichtigen Signale für seine Kommunikation identifizieren kann.

Was sollen wir verändern und was behalten?

Eine der größten Herausforderungen im Marketing ist die richtige Mischung aus Neuartigkeit und Konsistenz. Zum einen soll die Kommunikation langfristig auf die Marke einzahlen. Zum anderen muss immer auch das spezifische Produkt beworben werden, die Kommunikation muss also auch neue und spezifische Aspekte beinhalten. Das Ganze gleicht der Quadratur des Kreises. Kein Wunder, dass wir im Alltag sehr viele Diskussionen zu der Frage führen, was wir konstant halten und was wir verändern können bzw. müssen.

Schauen wir uns zwei Ergebnisse aus der Wissenschaft zu diesem Thema an. Die Universität Tokio hat eine große Studie zum Thema Werbewirkung durchgeführt und kam zu einem scheinbar wenig dankbaren Ergebnis. Der Erfolg von Werbung hängt von zwei Aspekten ab: 50 Prozent Vertrautheit (Familiarity) und 50 Prozent Neuartigkeit (Novelty). Werbung wirkt also dann gut, wenn sie bekannte, vertraute Elemente besitzt aber auch Neues beinhaltet.

In der Kognitionspsychologie ist schon sehr lange bekannt, dass unser Gehirn dann am besten lernt, wenn wir Neues in bereits bestehendes Wissen integrieren können. Wir kennen das alle aus unserem Alltag. Sind wir Experte auf einem Gebiet, können wir uns neue Informationen viel leichter merken, weil wir es in Beziehung setzen können zu Dingen, die wir schon wissen. Den gleichen Effekt haben wir ja auch schon bei den Verpackungen kennen gelernt. Dass Konsistenz sehr wichtig ist für Werbewirkung und Effizienz, ist bekannt.

Wie wichtig aber die Neuartigkeit ist, wird durch einen erst kürzlich aufgedeckten Mechanismus im Gehirn unterstrichen. In einer Studie der Universität Paris sollten Teilnehmer im Hirnscanner über Knopfdruck entscheiden, ob ein Pfeil nach links oder rechts zeigt. Sehr einfach, eigentlich. Worum es eigentlich ging, war die Frage, wie ihr Gehirn reagiert, wenn sie eine Erwartung darüber haben, in welche Richtung der Pfeil gehen wird. Im Vorfeld jeder Entscheidung wurde den Teilnehmern deshalb über das Einblenden weiterer Pfeile suggeriert, dass der Pfeil in die eine oder andere Richtung zeigen wird. Wenn also zwei von drei weiteren Pfeile nach rechts zeigten, dann erwarteten die Probanden, dass auch der Pfeil auf den es ankam – der so genannte kritische Stimulus, auf den die Probanden per Tastendruck reagierten sollten – nach rechts zeigen wird.

Das Ergebnis: Sobald die Teilnehmer zu wissen glaubten, in welche Richtung der Pfeil gehen wird, sank die Aktivität in den visuellen Zentren. Ihr Gehirn machte die „Schotten dicht". Entsprechend reagierten sie anschließend oft fehlerhaft, weil sie eine andere Richtung des Pfeils erwarteten. Und das ist die wichtige Erkenntnis: Sobald wir etwas erwarten und die Hypothese durch ein Signal bestätigt wird, schaltet das Gehirn ab bzw. kümmert sich um andere Dinge. Das ist sehr effizient, denn warum sollen wir uns länger darum kümmern, wenn wir schon wissen, was es ist?

Das ist auch der Grund dafür, dass die meisten Unfälle genau dort passieren, wo wir uns auskennen. Wir schauen nicht mehr genau hin, sondern unser Gehirn vervollständigt die Informationen aus dem Gedächtnis. Das ist auch sehr effizient. Wenn sich aber etwas ändert oder etwas Unerwartetes auftritt, sehen wir es oft nicht. Dieses Ergebnis erklärt, warum in Werbetrackings Konsumenten von Inhalten berichten, die schon lange nicht mehr Teil der Werbekampagne sind. Unser Gehirn erkennt die Marke, das Produkt und wenn es nach einigen Szenen zu dem Schluss kommt, dass dies typisch ist für diese Marke, folgt dieser „Abschalteffekt" der Zellen. Der Rest wird aus bereits gemachten Erfahrungen ergänzt und ist damit unabhängig vom konkreten Signal. Anders formuliert: Ohne Neuartigkeit kann nichts Neues kommuniziert werden. Neuartigkeit hält die Tür offen für die neuen Aspekte, die kommuniziert werden sollen.

Dieser ganze Wirkungsmechanismus ist keine Spekulation, sondern sehr gut belegt, denn es handelt sich hier um das Zusammenwirken von Wahrnehmung und Erinnerung. Die neurowissenschaftliche Forschung zeigt sehr gut, wie eng im Gehirn Wahrnehmung und Erinnerung gekoppelt sind und wie massiv unser Gehirn auf die Vergangenheit zurückgreift, um die Gegenwart zu verstehen. Dabei zeigt sich, dass der Autopilot wann immer möglich auf schon Gelerntes und Hypothesen sowie Erwartungen zurückgreift, statt jeden Spot aufs Neue zu verarbeiten. Das wäre weniger effizient.

==Der Schlüssel für erfolgreiche Kommunikation liegt in der Verbindung von Neuem mit Bekanntem, denn beides ist gleich wichtig.==

Konsistenz bei den Zielen, Neuartigkeit bei den Codes

Unsere Werbemaßnahmen sind umso erfolgreicher, je besser es uns gelingt, Konsistenz und Neuartigkeit miteinander zu verbinden. Konsistenz wird dabei in vielen Fällen formal definiert. Es wird versucht, die Konsistenz sicherzustellen, indem der Werbespot immer gleiche Signale oder einen immer gleichen Aufbau hat. Das ist nachvollziehbar, denn dies erleichtert die interne Diskussion, bietet objektive Vorgaben und Kriterien und ermöglicht eine strukturierte Evaluation. Ein solch enges Korsett führt aber oft dazu, dass Neuigkeiten auf Produktebene nur schwer zu kommunizieren sind. Warum? Weil Kunden die Farbe oder das Layout wieder erkennen und sich dadurch die visuellen Zentren im Gehirn „abschalten", sich also die Tür zum Konsumenten schließt und die neue Botschaft nicht durchdringt. Den vermeintlichen Ausweg bietet dann meist das gesprochene oder geschriebene Wort – aber rein explizite Botschaften reichen hier meist nicht aus und werden gerne übersehen oder überhört.

Der Ausweg ist die Erkenntnis, dass Konsistenz im Markenauftritt dank der Rekodierung im Stirnhirn bei uns Menschen nicht zwingend nur formal sein muss. Ein gutes Beispiel dafür ist Axe (siehe Abb. 74).

Abb. 74: Formal unterscheiden sich die TV-Spots der Marke Axe, doch auf der Ebene des impliziten Ziels zeigt sich eine hohe Konsistenz.

Hier wird seit Jahren dieselbe Belohnung adressiert: attraktiv für das weibliche Geschlecht zu sein. Die Marke sendet dabei ganz unterschiedliche Signale, bedient damit aber immer das eine übergeordnete implizite Ziel. Besonders wichtig ist hier, dass in allen Kampagnen das spezifische Produkt und seine Eigenschaften an dieses Ziel angeschlossen werden. Dadurch wird Konsistenz auf Marken- bzw. Zielebene erreicht und das spezifische Produkt daran angebunden.

Die Kommunikation muss erlebbar machen, welches Ziel der Kunde mit diesem Produkt erreichen kann. Nur darum geht es, denn nur dafür geben Kunden Geld aus. Und die Ziele können wir vielfältig – aber nicht beliebig, sondern regelgeleitet über die Statistik der Umwelt – kommunizieren. Durch die Perspektive der Ziele und der Codes erreichen wir beides: klare Leitplanken und gleichzeitig größere Freiheit für die Umsetzung sowie die Chance, die Vorteile des spezifischen Produktes zu inszenieren. Die Aufgabe ist zu zeigen, wie das spezifische Produkt, mit seinen spezifischen Eigenschaften an die übergeordnete Belohnung angeknüpft ist. Es geht um die Konsistenz auf der Zielebene und Neuartigkeit auf Produkt- und Signalebene. Wenn unsere Marke für Stolz steht, muss das neue Produkt daran anknüpfen und sicherstellen, dass Stolz in allen Signalen kodiert ist. Über welche Signale das gelingt, kann sich mit der Zeit ändern. Wichtig ist nur, dass Stolz kodiert ist.

Die impliziten Ziele sichern Konsistenz. Wie die impliziten Ziele im Detail adressiert werden, kann sich verändern und neu sein.

Schärfung der Strategie für die Umsetzung: Fallbeispiel Du darfst

Ziele ermöglichen uns über die Statistik der Umwelt einen objektiven Zugang zu den Signalen, sichern Konsistenz und bieten gleichzeitig mehr Flexibilität auf der Signalebene. Unser Gehirn ist darauf spezialisiert, sehr feine Unterschiede auf der Ebene der Ziele vorzunehmen. Je klarer und schärfer wir unsere Strategie und damit das Ziel definiert haben, das Kunden mit unserem Produkt und unserer Marke erreichen können, desto klarer können wir evaluieren, ob eine Umsetzung richtig oder falsch ist. Ein Weg, diese Schärfung zu erreichen, ist es, bestehende Werbespots miteinander zu vergleichen, um die damit kommunizierten Belohnungen so scharf wie möglich zu identifizieren. Den Zugang zu den zentralen Codes bekommen wir also, indem wir ein grundlegendes Prinzip im Gehirn nutzen: das Kontrast-Prinzip.

Die folgende Grafik illustriert dieses Prinzip: Ohne Referenz können wir nicht beurteilen, ob der dargestellte Kreis groß oder klein ist (siehe Abb. 75). Wir können es nicht sagen. Ohne einen Bezugspunkt kann unser Gehirn kein Urteil fällen, es vergleicht immer. Dieses Prinzip hilft uns auch in der Marketingpraxis bei der Entschlüsselung von Codes von Produkten oder wie im folgenden Beispiel von Marken und Kommunikation.

Schauen wir uns an Spots der Marke Du darfst an, wie man über dieses Kontrastieren zu den zentralen Codes einer Marke kommt. Dabei kontrastieren wir einen markenprägenden TV-Spot aus den 1990er-Jahren mit TV-Spots der Marke aus den letzten Jahren. Das Ziel ist es, die zentralen Codes der Spots offen zu legen.

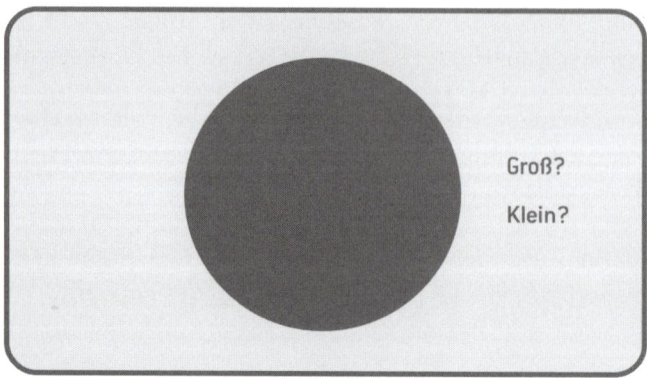

Abb. 75: Groß oder klein? Wir können ohne Referenzpunkt nicht sagen, ob der abgebildete Kreis größer oder kleiner ist.

Beginnen wir mit dem markenprägenden TV-Spot der Marke aus den 1990er-Jahren. Schauen wir uns einzelne Aspekte etwas genauer an. Es geht dabei nicht darum, eine Aussage darüber zu treffen, welcher der Spots „besser" ist. Das Ziel ist vielmehr ein nach unserer Erfahrung sehr hilfreiches Vorgehen zur Offenlegung von Codes zu illustrieren.

Anregung: *Beschreiben Sie die Protagonistin im Du darfst-Spot. Wie alt ist diese Dame? Wohin geht sie gerade? Ist sie eher Studentin oder steht sie mitten im Beruf (siehe Abb. 76)?*

Abb. 76: Der erfolgreiche TV-Spot von Du darfst aus dem Jahr 1990. Ein zentrales Element ist das rote Kleid.

Wir sehen eine etwa 30 Jahre alte Frau in einem roten Kleid. Das rote Kleid ist auffällig: Normalerweise trägt man kein rotes Kleid, wenn man morgens zur Arbeit geht. Es wirkt zu schick und ist nicht die übliche Kleidung für einen normalen Bürotag. Woran erkennen wir, dass sie zur Arbeit geht? Sie trägt eine Dokumententasche, zudem signalisieren die Lichtverhältnisse, dass die Szene morgens spielt und sie zum Beispiel nicht ins Theater geht. Das rote Kleid lässt meinen, dass sie nicht in einem konservativen Umfeld arbeitet, sondern selbstständig und unabhängig ist. Es ist natürlich auch denkbar, dass sie Richterin ist, aber das entspricht nicht der Statistik der Umwelt. Denkbar ist vieles, aber nicht wahrscheinlich. Insgesamt entspricht die Protagonistin damit nicht dem Prototyp einer Sachbearbeiterin oder einer Sekretärin – dafür wirkt sie zu selbstbewusst.

Sie ist auffällig gekleidet, aber das Kleid ist klassisch geschnitten, hat lange Ärmel und einen runden, nicht tiefen Ausschnitt. Die Protagonistin aktiviert die Ziele „Selbstbewusstsein" und „Unabhängigkeit", aber nicht im Sinne eines bunten Vogels, sondern mit Stil.

Abb. 77: Auch die Protagonistin aus dem Du darfst-Spot von 2007 trägt ein rotes Kleid. Doch dieses aktiviert andere implizite Ziele.

Kontrastieren wir nun diese Protagonistin mit der Protagonistin eines Spots der Marke aus dem Jahr 2007 (siehe Abb. 77). Auch sie trägt ein rotes Kleid. Aber kommuniziert dieses Kleid wirklich dieselben mentalen Konzepte? Das Kleid ist ärmellos mit einem tieferen Ausschnitt. Zudem ist es nicht klassisch gerade geschnitten, sondern hat Rüschen. Die Protagonistin trägt eine Handtasche mit sich. Sie wirkt auch jünger als die Frau aus dem erfolgreichen Spot. Die Haare sind zu einem Zopf gebunden und Klammern halten die Haare an der Seite fest. Welche berufliche Position hat sie inne? Sicher nicht die gleiche wie die Frau des Ausgangsfilms. Ihr traut man im

Unterschied zur Protagonistin von 1990 eher keine Führungsaufgabe zu. Auch Unabhängigkeit und Selbstbewusstsein werden durch die Protagonistin nicht kommuniziert. Obwohl formale Elemente wie das rote Kleid ähnlich sind, unterscheiden sich die dadurch aktivierten Konzepte deutlich. Dieses Beispiel zeigt, wie irreführend eine rein formale Definition von Konsistenz sein kann. Ohne die impliziten Ziele der Kunden als Referenz kann nicht beurteilt werden, ob ein Signal richtig ist oder falsch. Denn rotes Kleid ist nicht gleich rotes Kleid.

==Nur wenn eine Positionierung scharf genug definiert ist, kann die Umsetzung systematisch gesteuert werden.==

Die zentrale Szene im Spot von 1990 ist der Blick in das spiegelnde Schaufenster. Die Protagonistin läuft daran vorbei, schaut zufällig hinein, sieht sich und lächelt. Ihr gefällt, was sie sieht. *Sie ist stolz auf sich.* Durch diese Signale wird das implizite Ziel „Stolz auf sich selbst sein" an die Marke Du darfst gekoppelt. Schauen wir uns nun den Spot von 2007 an. Welche impliziten Ziele werden hier kommuniziert (siehe Abb. 78)?

Abb. 78: Der Du darfst TV-Spot aus dem Jahr 2007.

Wir sehen die Protagonistin in einem Bürogebäude, wie sie einen Fahrstuhl betritt. Dort schaut sie ebenfalls zufällig in den Spiegel und beginnt sich lasziv zu bewegen. Auch ihr gefällt, was sie sieht. Die Szene ist, wie die Protagonistin auch, an die Szenen aus den Neunzigern angelehnt. Aber schauen wir uns die Unterschiede genauer an. Zum einen ist der Fahrstuhl ein geschlossener und damit sicherer Ort, in dem sie keiner sehen kann. Es braucht anders als im Spot von 1990 kein Selbstbewusstsein, um sich hier stolz im Spiegel zu betrachten. Zum anderen richtet sie ihr Haar leicht verstohlen, sobald sich die Tür öffnet. Wann tun wir das im Alltag? Was sagt diese Handlung über die Protagonistin aus? Warum tut sie das? Die Antwort: Sie ist unsicher.

Es wird schon bis hierhin deutlich, dass die beiden Spots trotz der formalen Ähnlichkeiten (rotes Kleid und „Spiegel-Szene") die Marke an unterschiedliche implizite Ziele koppeln. Der wichtigste Unterschied zwischen den beiden Spots aber liegt in der Schlussszene: Die Protagonistin erhält ein Kompliment vom Wachmann und freut sich darüber. Sicherlich ist es schön, Komplimente zu bekommen, aber Kompliment ist nicht gleich Kompliment. Es ist zu bezweifeln, ob sich die Protagonistin aus dem 1990er-Spot über das Kompliment eines Wachmanns gefreut hätte. Das Kompliment passt nicht zu dem Setting der Frau aus dem Spot.

Dazu kommt, dass es ein völlig anderes Konzept ist, ein Kompliment von einer anderen Person zu bekommen oder auf sich selbst stolz zu sein. Psychologisch gesehen sind es Welten, ob wir aus uns selbst heraus stolz sind oder ob wir Anerkennung von außen benötigen. Die beiden Spots bedienen also sehr unterschiedliche implizite Ziele: Bei dem TV-Spot von 1990 wird das Konzept „Stolz auf sich selbst sein" kommuniziert, denn dort gibt es keine andere Person die Komplimente macht. Beim 2007er-Spot geht es darum, Anerkennung von anderen zu bekommen (siehe Abb. 79). Was besser ist, hängt von den Zielen der Kunden ab. Die Frage hier ist, ob Du darfst diesen Wechsel bewusst intendiert hat.

CODE				
Signal	⇄	Explizites Basisziel	⇄	Implizites Ziel
Du darfst TV-Spot (1990)	⇄	Sich fettarm ernähren	⇄	Stolz auf sich sein
Du darfst TV-Spot (2007)	⇄	Sich fettarm ernähren	⇄	Anerkennung von anderen bekommen

Abb. 79: Vermeintlich kleine Unterschiede können große Wirkung entfalten: Ein rotes Kleid wirkt ganz anders, je nachdem wie es genau aussieht und wer es trägt.

Dass diese vermeintlich kleinen Unterschiede tatsächlich andere Konzepte kommunizieren, kann man durch entsprechende Messungen quantifizieren. Aber eine systematische Analyse ergibt meist schon die Bedeutung der wichtigsten Codes, weil wir alle solche Signale über die Statistik der Umwelt ähnlich dekodieren. Legt man die jeweiligen Szenen nebeneinander, wird durch diese Kontrastierung sehr deutlich, wo die Unterschiede liegen (siehe Abb. 80).

Abb. 80: Die Schlüsselszenen aus den beiden TV-Spots von Du darfst. 1990 (links): „Erwachsener Stolz" und „Selbstbewusstsein". 2007 (rechts): „Kindliche Verunsicherung" und „Komplimente von anderen bekommen".

Würde man Gefallen, Sympathie, Verständnis oder die Kaufabsicht der Konsumentinnen messen, würden beide Spots wahrscheinlich gleich gut abschneiden. Auf der Ebene der impliziten Ziele aber sind die Unterschiede groß. Welche Ziele an die Marke gebunden werden sollen, ist dabei natürlich eine strategische Frage. Die Analyse der Signale ermöglicht hier eine Schärfung, die zu mehr Klarheit bei der Umsetzung führt. Wenn der Bezugsrahmen dabei „Stolz auf sich selbst sein" ist, dann ist es leichter zu

154

beurteilen, inwieweit ein Signal, eine Szene oder eine Protagonistin die Strategie umsetzt.

Schauen wir uns zum Beispiel diese folgenden Szenen aus anderen TV-Spots der Marke an (siehe Abb. 81). Die Frage ist: Wird hier „Stolz auf sich selbst sein" gezeigt oder nicht? Es geht dabei nicht darum, zu eruieren, ob die Spots „gut" oder „schlecht" sind oder ob der eine besser gefällt als der andere.

Abb. 81: Ein Spot von Du darfst aus 2004: Signale für Stolz und Selbstsicherheit fehlen.

Die Spots kommunizieren unterschiedliche Konzepte und entfalten dadurch eine andere Wirkung und führen zu anderem Verhalten. Es würde niemandem schwerfallen, hier zu sagen, dass Stolz nicht markiert ist. Blicken wir vor diesem Hintergrund auf die Szenen eines weiteren TV-Spots. Die folgenden Szenen stammen aus einem der letzten Spots der Marke Du darfst. Wird hier „Stolz auf sich selbst sein" kodiert (siehe Abb. 82)?

Abb. 82: Der Du darfst-Spot aus dem Jahr 2009 zeigt Signale für Stolz und Selbstbewusstsein.

Ja, denn hier tritt die Frau aus der Kabine und signalisiert Selbstsicherheit und Selbstbewusstsein. Wenn wir das das implizite Ziel der Kunden scharf genug formuliert haben, gelingt es uns meist sehr gut, zu beurteilen, ob ein Signal ein Ziel ausdrückt oder nicht, denn wir alle teilen die Statistik der Umwelt. In unserer täglichen Erfahrung gleicht es einem Befreiungsschlag, über Ziele statt über Emotionen zu sprechen.

Denn ob nun eine Szene das Ziel „Stolz auf sich selbst sein" ausdrückt oder nicht, kann man sehr viel objektiver diskutieren als die Frage, ob eine Szene „emotional" oder "sympathisch" ist oder ob sich die Konsumenten „damit identifizieren können". Das Agentur-Briefing ist schärfer, wenn „Stolz" statt „Sympathie", „emotional involvierend" oder „well-being" darin steht. Und es engt weniger ein, als die Vorgabe visueller Elemente wie ein rotes Kleid und ein Spiegel, die es unbedingt zu nutzen gilt. Es wird für alle Beteiligten einfacher, die richtigen und wichtigen Codes für die Kommunikation zu entwickeln und auszuwählen. Wir erleben es in Projekten mit Kunden nicht selten, dass Kunde und Agentur sofort erkennen, welche Codes richtig sind und welche nicht, wenn das implizite Kundenziel einmal scharf genug definiert ist. In Kundenzielen zu denken, führt uns letztlich dazu, unser Marketing noch konsequenter vom Kunden her zu entwickeln, auch und vor allem in den Signalen, die wir aussenden. Geschmack und persönliche Urteile stehen hier nur im Weg. Die zentrale Frage ist, welches mentale

Konzept ein Signal aktiviert, wofür es ein Code ist, und ob das einem relevanten Ziel der Kunden entspricht oder nicht.

Gleiches Briefing, andere Konzepte: Fallbeispiel Cadbury

Kaum ein Spot hat in letzter Zeit mehr Kreativ-Preise und Aufmerksamkeit erhalten als der so genannte „Gorilla"-Spot der Schokoladenmarke Cadbury (das englische Milka). Die Marke stagnierte seit Jahren, hatte im Vorjahr ein signifikantes Qualitätsproblem und wollte deshalb über einen neuen Spot wieder in die „Köpfe und Herzen" der britischen Öffentlichkeit gelangen. Das Briefing an die Agentur lautete: „Bring back the joy". Als Ergebnis entstand der „Gorilla"-Spot, in dem ein Gorilla im Hobbyraum zur Musik von Phil Collins Song „In the air tonight" zu trommeln beginnt. Der Spot erlangte große Beachtung, nicht nur bei Konsumenten und Werbern, sondern auch in der Welt des Brand Managements, weil er die Verkäufe um eine zweistellige Prozentzahl steigern konnte. Und das obwohl er sehr ungewöhnlich für die Kategorie war und nicht die Schokolade, sondern der Gorilla inszeniert wurde. Der Spot enthielt auch nicht die üblichen „Food-Shots", erst ganz am Ende wurde die Verpackung gezeigt (siehe Abb. 83).

Abb. 83: Der prämierte TV-Spot „Gorilla" für Cadbury Dairy Milk Chocolate von 2007 steigerte den Umsatz erheblich.

 **http://www.decode-online.de/codes/webtipp7.html** – Der Link zum Gorilla-Film von Cadbury.

Angespornt durch den Erfolg, gab das Unternehmen Cadbury direkt eine Nachfolge-Kampagne in Auftrag. Nichts einfacher als das, würde man denken. Man hat doch einen erfolgreichen Spot mit dem Gorilla. Aber der Nachfolger blieb trotz ähnlicher Strategie, gleichem Briefing, gleicher Agentur, gleichem Regisseur, gleichem Kampagnen-Ansatz und Media-Budget weit hinter den Erwartungen zurück (siehe Abb. 84).

Abb. 84: Der TV-Spot „Trucks" von 2008 konnte an den Erfolg des „Gorilla"-Spots nicht anknüpfen.

 **http://www.decode-online.de/codes/webtipp8.html** – Der Link zum Trucks-Film von Cadbury.

Da Menschen immer zuerst das Produkt und dann die Marke kaufen, muss der erfolgreiche „Gorilla"-Spot offensichtlich sowohl die Basisziele von Schokolade als auch die daran angeschlossenen impliziten Ziele besser getroffen haben. Wie aber aktiviert der „Gorilla"-Spot die Basisziele, wo doch gar keine Schokolade im Spot inszeniert ist – mal abgesehen davon, dass der Absender eine Schokoladenmarke ist?

Die Codes von Schokolade

Hier kommt wieder das Embodiment ins Spiel. Was sind die zentralen Codes von Schokolade? Da wir Schokolade über den Mund zu uns nehmen, müssen wir uns anschauen, wie man Schokolade genau isst. Die renommierte Konsumforscherin Helene Karmasin unterscheidet beim Essen prinzipiell zwischen „beißen / kauen" und „nicht beißen / nicht kauen" (mit oder ohne Zähne). Nahrung, die wir nicht beißen und kauen müssen, ist cremig, feucht, weich. Bei diesen Produkten sind wir passiv. Creme, Pudding oder Eis gelangen über einfaches „Schlabbern" in uns hinein. Deshalb nutzen wir sie gerne, um uns zu trösten oder zu verwöhnen. Nahrung zum Beißen müssen wir aktiv bearbeiten, wir erobern sie quasi. Statt Trost und Verwöhnung bedient feste Nahrung deshalb ganz andere Belohnungen, die mit Aktivität, Kraft und Erwachsensein assoziiert sind. Der Prototyp ist das rote Fleisch. Das Gegenteil, das Nicht-Fleisch, ist Gemüse. Wie immer kann man auch hier die Analyse objektivieren, indem man zum Beispiel Menschen bittet, zu sagen, ob Fleisch oder Gemüse männlich bzw. weiblich sind. Genau das wurde in einer Studie von Helene Karmasin gemacht. Das Ergebnis ist eindeutig und vor dem Hintergrund der Embodiment-Perspektive auch nicht überraschend: Fleisch ist männlich, Gemüse ist weiblich.

Ähnlich wie bei den Handgriffen mit dem „Kraftgriff" und dem „Feingriff" hat man zwei ganz grundlegende, mentale Abzweigungen: „beißen/kauen" oder „nicht beißen/nicht kauen". Wie steht es nun bei Milchschokolade, welche mentale Abzweigung nehmen Menschen hier? Das Produkt zeichnet sich durch einen hohen Milchanteil aus, es ist dadurch cremiger und bahnt damit eher das schmelzen lassen im Mund. Schauen wir uns einmal an, welche impliziten Ziele die beiden Spots bei der impliziten Messung aktivieren (siehe Abb. 85).

Der „Gorilla"-Spot aktiviert vor allem Antizipation. Bevor der Erfolg des Spots deutlich wurde, kritisierten viele Experten den Film, weil das Produkt nicht inszeniert wurde. Aber ist das so? Was tun wir, wenn wir eine Tafel Schokolade essen: Wir öffnen die Verpackung, entfernen die Folie, brechen ein Stück ab und legen es in den Mund, wo die Schokolade zu schmelzen

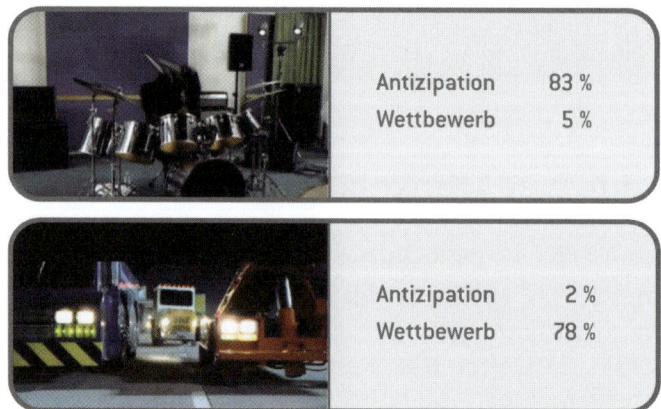

Abb. 85: Die TV-Spots „Gorilla" und „Trucks" aktivieren unterschiedliche Ziele. Für Milch-schokolade ist eher das Ziel „Antizipation" relevant.

beginnt. Es ist nicht wie beim Schokoriegel, bei dem wir die Verpackung aufreißen und dann reinbeißen, sondern es ist langsamer. Hier geht es also auch um Antizipation statt um sofortiges Verschlingen. Der Film „Gorilla" inszeniert genau dieses Produkterlebnis. Zwar auf eine sehr überhöhte Art und Weise, aber wir haben gesehen, dass wir Menschen in der Lage sind, mit Metaphern umzugehen. Das mag auf den ersten Blick etwas weit hergeholt wirken, aber sowohl die gestiegenen Verkäufe nach Schaltung des Spots als auch die implizite Messung zeigen, dass hier im Autopiloten vor allem Antizipation dekodiert wird. Es geht nun nicht darum, dass wir keine Pro-dukte mehr zeigen sollen. Vielmehr zeigt sich hier nochmals die Fähigkeit des menschlichen Stirnhirns, implizite Ziele auf der Basis von Signalen zu dekodieren.

==Das Produkt muss Bestandteil der Kommunikation sein, aber es muss nicht unbedingt konkret, sondern kann auch auf der impliziten Ebene, also metaphorisch, integriert werden. Das Stirnhirn dekodiert das Pro-dukterlebnis trotzdem, sofern die Signale der Statistik der Umwelt folgen.==

Der Film „Trucks" dagegen ist männlicher und passt eher zu einem Scho-koriegel als zu Milchschokolade, zum Beispiel einem Snickers mit Nüssen zum Kauen. Die Messung bestätigt das: Der Spot aktiviert viel stärker das Konzept „Wettbewerb". Und noch ein weiterer Unterschied ist entschei-dend: Der Gorilla ist alleine. Den intensiven Moment hat er nur für sich –

es ist ein persönlicher, intensiver Moment. Und genau darum geht es bei Milchschokolade.

Die Verbindung von Produkteigenschaft und implizitem Ziel ist entscheidend

Die Schlacht um die Gunst der Kunden wird weit vor der Produktion des Storyboards oder des TV-Spots gewonnen. Nämlich in der konzeptionellen Phase weit vor der konkreten Umsetzung. Denn hier gilt es, genau zu definieren, mit welchen Belohnungen das Produkt verknüpft ist und welche dieser Verknüpfungen im Mittelpunkt der Kommunikation stehen soll. Die zentrale Aufgabe von Kommunikation ist die Koppelung von Produkteigenschaften an das Basisziel der Kategorie und die daran angeschlossenen impliziten Ziele. Oftmals werden in Kommunikationskonzepten „Welten aufgemacht" oder Zielgruppen beschrieben, aber das ist nicht der Punkt. Es geht um die Verknüpfung des konkreten Produktes und seiner Eigenschaften mit den relevanten Zielen der Kunden. Wir müssen das komplette Pendel stringent durchlaufen, vom expliziten Signal zum impliziten Ziel und zurück. Genau darin liegt die Quelle für relevante, differenzierende und glaubwürdige Kommunikationsansätze (siehe Abb. 86).

Nur wenn eine aus Sicht der Kunden intuitive Verknüpfung zwischen Produkteigenschaft und implizitem Ziel steht, kann die Kommunikation erfolgreich sein.

Kommunikation ist viel mehr als schöne Bilder

Angenommen wir sind auf Reisen im Ausland und kaufen dort im Supermarkt ein. Wir kennen keine der Marken und haben keine der Werbekampagnen zu den Marken gesehen. Der Einkauf ist ziemlich anstrengend. Ein Grund ist, dass wir nicht wissen, welche Marke für welche implizite Belohnung steht. Wie sollen wir entscheiden? Wenn wir zu Hause im Supermarkt an der Kasse stehen und Energie benötigen, dann signalisiert uns das Snickers, dass wir das Ziel „sich Durchbeißen" mit diesem Produkt erreichen können. Aber nur, weil das Produkt selbst und die Kommunikation das Produkt und seine Eigenschaften mit genau diesem Ziel gekoppelt hat.

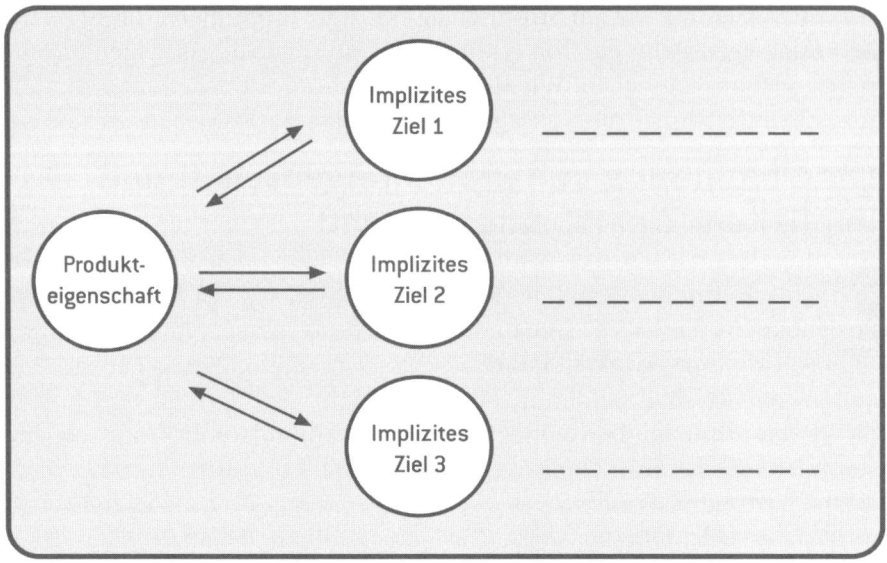

Abb. 86: Erfolgreiche Kommunikation koppelt Produkteigenschaften intuitiv an implizite Ziele.

Weil wir gelernt haben, dass Snickers ein Code dafür ist, Energie zu kriegen „wenn es mal wieder etwas länger dauert". Hätten wir das nicht gelernt, wäre es nur ein Schokoriegel und wir wüssten nicht, für welches implizite Ziel wir ihn nutzen können.

Richtig verstanden und umgesetzt ist Kommunikation weit mehr als „schöne Bilder". Das hat auch schon die Marketing-Placebo-Forschung zu den Energydrinks und Aspirin gezeigt. Was wir über Markenkommunikation lernen, sind Erfahrungen und Erwartungen, welche Ziele wir mit einer Marke oder einem Produkt erreichen können. Und genau darum geht es bei der Kommunikation: indirekte *Erfahrungen* zu vermitteln, wie das spezifische Produkt bei der Zielerfüllung helfen kann. Es geht nicht um Informationen oder Argumente, es geht um die Verknüpfung von Produkt, explizitem Basisziel und implizitem Ziel. Wenn dabei Informationen helfen, dann spricht nichts dagegen, aber es geht nur darum, die Verknüpfung erlebbar und erfahrbar zu machen.

Wir Menschen können auch über indirekte Erfahrungen und Beobachtungen lernen. Sogar über reine sprachliche Instruktion. Wenn man Probanden in einem Experiment erklärt, dass sie immer 20 Sekunden nach einem bestimmten Geräusch einen Stromschlag bekommen, reagieren diese Personen mit Angst, wenn der Ton erklingt, obwohl sie noch gar keinen Stromschlag bekommen haben. Wir haben zu Beginn des Buches gesehen, dass unser Gehirn immer die Konsequenzen simuliert, selbst wenn wir nur ein Wort lesen. Wir müssen nicht von Skinheads verprügelt werden, um zu lernen, dass man sich besser von ihnen fernhält. Wir lernen das durch Beobachtung und indirektes, implizites Lernen. Und wenn wir oft – wenn auch nur indirekt – erleben, dass Aspirin den Kopfschmerz reduziert, dann bildet sich daraus eine Erwartung heraus und diese wirkt dann wie eine selbsterfüllende Prophezeiung. Genau das ist die Basis von Placebo-Effekten, sei es in der Medizin oder im Marketing.

Der ganze Vorgang funktioniert letztlich, weil unser Gehirn nicht einfach passiv auf die Umwelt reagiert und sklavisch alles verarbeitet, was unsere Sinne wahrnehmen. Die Forscher rund um den Neurowissenschaftler Moshe Bar von der Harvard Medical School schreiben dazu:

„Das menschliche Gehirn ist kein passives Organ, das einfach darauf wartet, von externen Reizen aktiviert zu werden. Das Gehirn benutzt kontinuierlich vergangene Erfahrungen, um sensorische Informationen zu interpretieren und die unmittelbar relevante Zukunft vorherzusagen.“

Der erste wichtige Punkt ist hier, dass das Gehirn für seine Vorhersagen und Erwartungen vergangene Erfahrungen nutzt. Das können auch indirekte Erfahrungen sein, die wir über Kommunikation lernen. Der zweite wichtige Punkt ist: Das Gehirn sorgt dafür, dass solche Erwartungen auch in Erfüllung gehen, wenn diese Erwartungen mit unseren Zielen übereinstimmen und wenn die aktivierten Erwartungen für den Kunden relevant sind.

Kommunikation koppelt Produkte und ihre Eigenschaften an implizite Ziele und bildet Erwartungen, die dann über Placebo-Effekte die objektive Produktleistung verändern können.

Vom Produkt zur Kommunikation: Fallbeispiel Valess

Ein schönes Beispiel dafür, wie diese Prinzipien stringent umgesetzt werden können, ist die Marke Valess, die fleischlose, aus Milch hergestellte

Schnitzel verkauft. Das Problem mit solchen Gerichten ist, dass sie nicht als „richtige" Nahrung gesehen und deshalb nicht als Hauptgericht konsumiert werden. Ein „richtiges" Gericht besteht prototypisch aus einem Hauptgericht mit Beilage und das Hauptgericht ist auch heute meist noch Fleisch. Schauen wir vor diesem Hintergrund auf die Marke Valess. Schon die Bezeichnungen „fleischlose Schnitzel", „ohne Fleisch" oder „panierte Filets" aktivieren die Schublade Fleisch. Bei einer Negation wird im Autopiloten immer das aktiviert, was negiert werden soll. Wenn man Menschen bittet, *nicht* an einen rosa Elefanten zu denken, ist der rosa Elefant sofort aktiviert. Deshalb funktionieren Negationen in der Kommunikation meistens nicht, außer man setzt sie richtig ein wie bei Valess. Obwohl es kein Fleisch ist, wird durch den Begriff „ohne Fleisch" das Konzept Fleisch aktiviert.

Und auch das Produkt bedient alle prototypischen Signale von Fleisch. Es wird Schnitzel genannt, es ist paniert, es hat die typische Form, die Knusprigkeit wird ausgelobt und es ist zum Braten. Wer den Hintergrund nicht kennt, könnte die Abbildung auf der Verpackung nicht von einem Fleischschnitzel unterscheiden. Zudem sind auch Kartoffeln zu sehen, das Schnitzel hat also auch die prototypische Rolle bei der Mahlzeit (siehe Abb. 87).

Abb. 87: Die Molkerei Campina nutzt in der Kommunikation für ihre Marke Valess Signale, die sofort an Fleisch denken lassen.

Im TV-Spot agiert als Protagonist ein Rocker, ein harter Kerl, dem man ein Molkeprodukt eher nicht zutraut. Es wird draußen gegessen, das Schnitzel wird mit einem Holzwender auf den Teller gelegt, auf dem sich bereits Salat und die Beilage befinden und es ist von Fleisch die Rede. Das alles funktioniert aber nur, weil die Produkteigenschaften am Ende auch die Versprechen einlösen. So schreibt die Stiftung Wartentest über Valess:

„An den beworbenen „köstlichen Fleischgeschmack" kommt es nah heran. In Geschmack und Konsistenz erinnert es an paniertes Geflügelfleisch: leicht trocken und faserig, bissfest und würzig. Die Panade ist deutlich knusprig. In Geschmack und Biss ähnelt Valess Fleisch."

Ohne diese wahrnehmbaren Produkteigenschaften wäre die ganze Kommunikation wirkungslos, erst dadurch entsteht Glaubwürdigkeit. Dieses Beispiel zeigt sehr gut, wie alle Signale auf das Basisziel Fleisch und die damit verbundenen impliziten Ziele, wie zum Beispiel Männlichkeit, adressiert werden.

Codes strategisch in der Kommunikation nutzen

Welche Ansätze ergeben sich nun aus diesen Erkenntnissen für die Kommunikationsstrategie? Wenn wir eine differenzierende Produkteigenschaft haben, die ein relevantes Ziel aktiviert, dann kann diese Produkteigenschaft inszeniert und in den Mittelpunkt gestellt werden. Ein Beispiel dafür ist die iPhone-Kampagne, bei der die Bedienung mit dem Finger inszeniert wird.

Wenn unser Produkt auf der Ebene der Basisziele differenziert oder überlegen ist und dies auch differenzierend signalisierbar ist, kann das Basisziel inszeniert werden. Die Krux dabei ist oftmals die Frage, ob die differenzierende Produkteigenschaft auch kommuniziert werden kann. Analogien sind eine gute Möglichkeit dafür, Differenzierendes auch differenzierend zu kommunizieren. Nehmen wir das Beispiel Whitestrips von blend-a-med, mit denen Konsumenten den Weißgrad ihrer Zähne erhöhen können (siehe Abb. 88).

Als Analogie dazu wurde eine Restauratorin gewählt, und das passt zum Produkt: Auch sie stellt einen verloren gegangenen Weißgrad wieder her,

Abb. 88: blend-a-med nutzte in einem TV-Spot die Metapher der Restauratorin, um den Aufhellungseffekt der Whitestrips zu dramatisieren.

wie das Produkt. Die Analogie transportiert zudem Expertise und ein vorsichtiges sowie professionelles Vorgehen. Aber: Es transportiert auch, dass eine professionelle Restauration lange anhält. Und entsprechend dieser Analogie haben sich die Konsumenten dann auch verhalten und das Produkt nur einmal verwendet.

Ein weiterer Ansatzpunkt für die Kommunikation ist, zu inszenieren, wie eine Produkteigenschaft hilft, ein implizites Ziel zu erreichen und diese Verknüpfung in den Mittelpunkt zu stellen. Ein sehr gelungenes Beispiel dafür ist ein Werbespot von Mercedes für die E-Klasse. Der Spot zeigt, wie man den ganzen Weg von der Produkteigenschaft bis zum impliziten Ziel optimal inszenieren kann (siehe Abb. 89).

Der neue Brems-Assistent (Produkteigenschaft) verhilft zu einem kürzeren Bremsweg (Basisziel) und das gibt dem Fahrer mehr Sicherheit, aber auch mehr Souveränität (implizites Ziel). Bei BMW hätte die Verknüpfung von Produkteigenschaft und implizitem Ziel anders ausgesehen: Wir hätten den

Abb. 89: Der Tod als Beifahrer dramatisierte Souveränität in diesem TV-Spot der Agentur Jung von Matt für die E-Klasse von Mercedes.

kürzeren Bremsweg daran gekoppelt, dass wir dann in den Kurven noch schneller fahren und noch mehr Spaß haben können. Für Volvo hätten wir vor allem den Sicherheitsaspekt in den Vordergrund gestellt. Alle diese Verknüpfungen sind möglich. Je nach Ziel, mit dem wir unsere Marke koppeln wollen oder für das unsere Marke schon steht, können wir die Produkteigenschaft so oder so inszenieren (siehe Abb. 90).

CODE				
Signal	⇄	Explizites Basisziel	⇄	Implizites Ziel
Mercedes-Benz	Brems-Assistent	⇄	Kürzerer Bremsweg	⇄	Souveränität
BMW	Brems-Assistent	⇄	Kürzerer Bremsweg	⇄	Mehr (Fahr-)Spaß
Volvo	Brems-Assistent	⇄	Kürzerer Bremsweg	⇄	Mehr Sicherheit

Abb. 90: Gleiche Produkte, die gleiche Basisziele bedienen, lassen sich markentypisch so nutzen, dass sie relevante implizite Ziele anstoßen.

Die Marke Guinness ging einen anderen, aber auch sehr zielführenden Weg. Auch hier startet man vom Produkt und seinen differenzierenden Merkmalen. Der Spot aber zeigt nicht den ganzen Weg, sondern nur das daran angebundene implizite Ziel (siehe Abb. 91).

Abb. 91: „Good things come to those who wait". Die Agentur AMV BBDO setzte diese Produkteigenschaft für Guinness im TV-Spot „Surfer" um.

Das Typische am Guinness Bier ist die Zeit, die es beim Einschenken benötigt und die Stärke des Biers. Wenn das Bier eingeschenkt wird, produziert es zuerst einmal viel Schaum. Das ist der Grund, warum es so lange dauert, bis man es trinken kann. Diese erlebbare Produkteigenschaft wurde hier metaphorisch über die Kampagnenidee „Good things come to those who wait" inszeniert. Und dieser Gedanke, der sehr eng, wenn auch metaphorisch, am Produkterlebnis ist, wurde von Guinness in mehreren Werbespots erfolgreich umgesetzt.

Vor der Ausstrahlung des TV-Spots wurden natürlich auch Konsumenten befragt. Die Empfehlung der Marktforscher war, die Pferde rauszulassen, weil die Konsumenten das unrealistisch fänden. Es geht aber nicht um Realismus, sondern darum, womit dieses Signal intuitiv gekoppelt ist, für was es ein Code ist. Und diese Pferde stehen für Stärke, Wildheit und Kraft – genau die Konzepte, die mit Guinness konsumiert werden. Auch hier zeigt sich wieder, dass die Perspektive der Ziele und der Codes Leitplanken und Freiheit zugleich bietet.

Kommunikationsansätze, die nur das implizite Ziel bzw. die übergeordnete Belohnung adressieren, ohne eine Anbindung an eine wahrnehmbare Produkteigenschaft, sind dagegen wenig erfolgsversprechend. Wenn der TV-Spot ohne genau dieses Produkt erzählt werden kann, bleibt er wirkungslos. Ohne Produktbezug sind es nur schöne Bildchen. So wäre der Guinness-Spot für Heineken zwar denkbar gewesen, aber das Produkt hätte es nicht hergegeben und wäre damit nicht glaubwürdig gewesen.

Es gibt viele Wege für erfolgreiche Kommunikation, aber sie haben eines gemeinsam: Sie enthalten die Verknüpfung von spezifischen Produkteigenschaften und den daran gekoppelten impliziten Zielen. Nur so ist Relevanz, Differenzierung und Glaubwürdigkeit zu erreichen.

Ziele bestimmen die Aufmerksamkeit

Wir haben gesehen, wie man die Verbindung zwischen Produktsignalen und impliziten Belohnungen bzw. Zielen in der Kommunikation effizient umsetzen kann. Es gibt aber noch einen weiteren Mehrwert in Zielen zu denken: Aufmerksamkeit und Werbewirkung. Denn Ziele sind nicht nur ein zentraler Treiber für menschliches Verhalten, sie sind auch der entscheidende Filter für Relevanz und Aufmerksamkeit. Die Psychologen Ap Dijksterhuis und Hank Arts schreiben dazu in der Fachzeitschrift *Annual Review of Psychology*:

„Sowohl die Menge als auch die Dauer an Aufmerksamkeit, die eingehender Information zukommt, wird durch aktivierte Ziele bestimmt: Informationen, die für die Zielerfüllung relevant sind, werden viel mehr beachtet als irrelevante Informationen.“

Wir kennen alle das Phänomen, dass die Autos, für die wir uns gerade interessieren, plötzlich scheinbar vermehrt zu sehen sind. Wenn wir Vater oder Mutter werden, sehen wir plötzlich Kindergärten, wo wir zuvor keine gesehen hatten. Wie funktioniert das? Das Prinzip ist klar: Wir haben Ziele und es ist natürlich viel sinnvoller, nur diejenigen Dinge zu sehen, die mit unseren Zielen in Einklang stehen. Im Arbeitsalltag schauen wir uns ja auch nur die Themen an, die für uns relevant sind. Das tut das Gehirn auch. Ein Experiment, das viele inzwischen kennen, nutzt diesen Effekt. Man instruiert Menschen, die Ballwechsel in einem Basketballspiel zu zählen.

 **http://www.decode-online.de/codes/webtipp9.html** – Der Link führt zu dem Experiment mit dem Bär.

Während des Spiels taucht plötzlich ein als Bär verkleideter Mann auf und vollführt einen Moonwalk quer durch die Basketballspieler. Erstaunlicherweise übersehen ihn die meisten völlig, weil sie ein anderes Ziel verfolgen, nämlich die Anzahl der Ballwechsel zu zählen, und dafür ist der Bär nicht relevant. Es gibt viele solcher Studien und man ist immer wieder verblüfft, was Menschen alles übersehen, wenn es gerade nicht relevant für ihr Ziel ist, und sei dieses auch nur, die Anzahl der Ballwechsel zu zählen. Wenn schon ein moonwalkender Bär mitten im Bild übersehen wird, kann man sich vorstellen, wie schwer es für Marketingbotschaften ist, durchzudringen, wenn sie nicht an relevante Ziele beim Kunden andocken, also nicht belohnend sind.

Ziele sind der Schlüssel für die Tür zum Kunden

Die Forschung zeigt ohne jeden Zweifel, dass unsere Aufmerksamkeit zum weitaus größten Teil von unseren Zielen bestimmt wird. Schauen wir uns das genauer an, denn diese Erkenntnisse haben weitreichende Implikationen für die Frage, wie wir die Aufmerksamkeit der Kunden wecken, zu ihnen durchdringen können. Neuropsychologen unterscheiden zwei Formen der Aufmerksamkeit:

1. Bottom-Up: vom Sinnesorgan ins Gehirn (z. B. Verpackung).

2. Top-Down: vom Gehirn zum Sinnesorgan (z. B. Ziele, Erwartungen) (siehe Abb. 92).

170

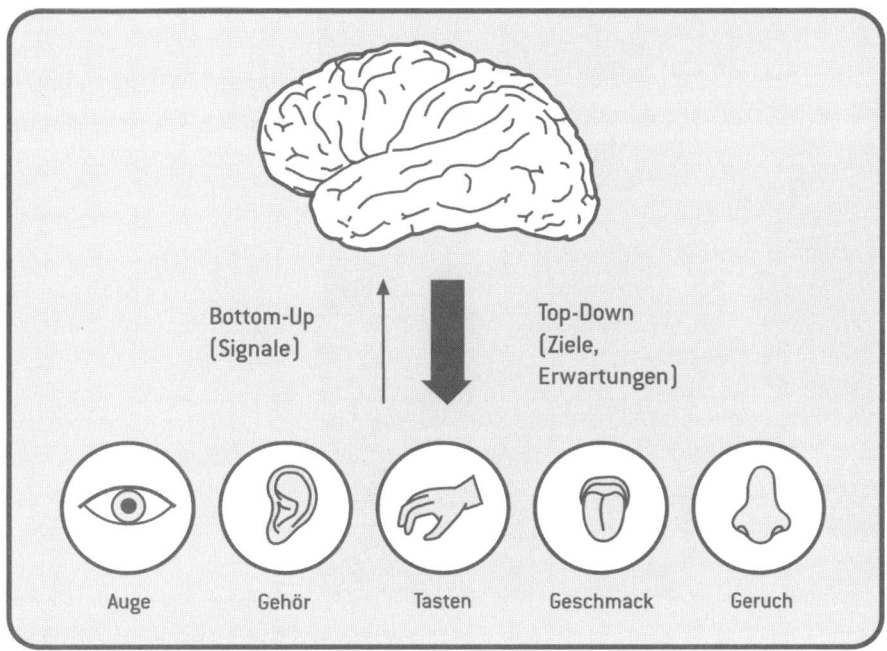

Abb. 92: Der Weg vom Sinnesorgan zum Gehirn und zurück.

Man würde annehmen, dass der Weg vom Auge zum Gehirn wichtiger ist. Müssen wir nur die Verpackung besonders auffällig gestalten und schon dringen wir durch? Oder die Werbung disruptiv gestalten, damit man uns hört? Diese Ansätze gehen an der Realität im Gehirn vorbei. Der größte Teil der Aufmerksamkeit des Menschen wird Top-Down gesteuert, vom Stirnhirn mit seinen Zielen. Das ist in der Neuropsychologie keine neue Erkenntnis. Vor über 40 Jahren untersuchte der russische Psychologe Alfred Yarbus, wie Ziele unsere Aufmerksamkeit lenken. In einem Klassiker der psychologischen Forschung bat er Menschen, sich jeweils unterschiedliche Dinge in einem Bild zu merken. Zum Beispiel wurde das Ziel vorgegeben, das Alter der Abgebildeten zu eruieren. Gleichzeitig wurde gemessen, wo die Leute hinschauten (Eyetracking). Die Abbildung zeigt, dass je nach Ziel ganz andere Dinge im Bild beachtet wurden (siehe Abb. 93). War das Ziel, etwas über die materiellen Verhältnisse der Familie zu erfahren, wurde eher auf die Bilder an der Wand geachtet. Sollte dagegen das Alter der anwesenden Personen geschätzt werden, lag der Fokus auf den Gesichtern der abgebildeten Menschen.

Abb. 93: Ziele beeinflussen die Aufmerksamkeit. (1) „Beurteilen Sie, in welchen materiellen Verhältnissen die Familie lebt", (2) „Schätzen Sie das Alter der anwesenden Personen", (3) „Beurteilen Sie, wie lange der Besucher von der Familie getrennt war".

Ziele bestimmen auch die Aufmerksamkeit beim Betrachten von Printwerbung, wie eine aktuelle Studie des Marketingprofessors Michel Peters zeigt. Seine Schlussfolgerung aus diversen Experimenten mit Eyetracking und Printanzeigen:

„Die Ergebnisse dieser Studie zeigen den schnellen und systematischen Einfluss, den Ziele auf die visuelle Aufmerksamkeit bei Werbung haben. Darüber hinaus zeigt diese Studie, dass der Informationsgehalt von Werbung von den Zielen abhängt, die Konsumenten beim Betrachten haben. Obwohl die Konsumenten jede Anzeige im Durchschnitt nur für vier Sekunden betrachteten, bestimmten die Ziele der Betrachter die Dauer der Betrachtung von Marke, Bild und Copytext."

Auch der knalligste Kindergarten mit den modernsten Konzepten wird beim 20-jährigen Single an kein aktiviertes Ziel ankoppeln können, und deshalb wird er den Kindergarten zwar implizit registrieren, aber nichts davon wird auf ihn wirken oder gar sein Verhalten verändern. Was hier dahinter liegt ist das Wirken des Stirnhirns mit seinen Zielen. Der Neurowissenschaftler Edmund Rolls, Experte für das Belohnungssystem im Stirn-hirn, schreibt dazu:

„Das Ziel sensorischer Verarbeitung ist die Dekodierung von Belohnungen, nachdem das Objekt identifiziert wurde."

Der Autopilot im Gehirn fragt zuerst: „Was ist es und was kann ich damit tun?" und dann „Ist das belohnend?". Beim Konsum ist das etwas, das wir haben, tun oder sein wollen. Belohnend ist etwas, wenn wir damit unser Ziel erreichen können – nur dadurch sind wir motiviert, etwas zu tun und aktiv zu werden. Wenn wir zu den Kunden durchdringen wollen, müssen wir deshalb ihre Ziele kennen. Ziele sind erwünschte Ergebnisse, welche Kunden anstreben, und hier müssen wir ansetzen. Eines wird hier nochmals sehr deutlich: Menschen sind nicht beliebig manipulierbar! Ein paar schö-ne Bilder und die Leute kaufen: So funktioniert es natürlich nicht. Wir sind nicht manipulierbar – wenn wir es nicht wollen. Wenn etwas nicht mit un-seren Zielen vereinbar ist, dann tun wir es nicht und wir nehmen es noch nicht mal wahr.

Wir können nicht in die Köpfe unserer Kunden eindringen, wir können nur hereingelassen werden. Wir werden nur dann hereingelassen, wenn die Signale, die wir senden, zu den Zielen unserer Kunden passen. Der Kunde sitzt am Steuer.

Die wesentlichen Punkte dieses Kapitels auf einen Blick:

- Es gibt viele Wege für erfolgreiche Kommunikation, aber sie haben eines gemeinsam: Sie enthalten die Verknüpfung von spezifischen Produkteigenschaften und den daran gekoppelten impliziten Zielen. Nur so ist Relevanz, Differenzierung und Glaubwürdigkeit zu erreichen.

- Nur wenn eine Positionierung scharf genug ist, kann die Umsetzung systematisch gesteuert werden.

- Kommunikation koppelt Produkte und ihre Eigenschaften an implizite Ziele und bildet Erwartungen, die dann über Placebo-Effekte die objektive Produktleistung verändern können.

- Die impliziten Ziele sichern Konsistenz. Wie die impliziten Ziele im Detail adressiert werden, kann sich verändern und kann neu sein.

- Das Produkt muss Bestandteil der Kommunikation sein, aber es muss nicht unbedingt direkt integriert werden, sondern kann auch auf der impliziten Ebene, also metaphorisch, inszeniert werden. Das Stirnhirn dekodiert das Produkterlebnis trotzdem, sofern die Signale der Statistik der Umwelt folgen.

- Wir können nicht in die Köpfe unserer Kunden eindringen, wir können nur hereingelassen werden. Wir werden nur dann hereingelassen, wenn die Signale, die wir senden, zu den Zielen unserer Kunden passen. Der Kunde sitzt am Steuer.

Touchpoints über Codes systematisch steuern

Was Sie in diesem Kapitel erwartet: Die so genannte 360-Grad-Kommunikation wird in Zeiten von Twitter, Facebook und Co. immer wichtiger. Hier reichen einfache Key Visuals nicht mehr aus. Wie können uns die Erkenntnisse zu den Codes und den Zielen hier weiterhelfen? In diesem Kapitel erfahren Sie, wie man über die Ausrichtung aller Kontaktpunkte an den Kundenzielen und den Codes seine Strategie 360 Grad umsetzen kann.

Ziele geben Leitplanken vor bei der 360-Grad-Kommunikation

Obwohl die klassische Kommunikation weiterhin den größten Teil des Budgets der Marken beansprucht, wird es immer wichtiger, auch andere Kontaktpunkte konsequent auszusteuern. Entsprechend taucht in fast jedem Agentur-Briefing inzwischen (meist weiter hinten) die Anforderung auf, dass die Kommunikation 360 Grad über alle Kontaktpunkte umgesetzt werden soll. Oft wird das so interpretiert, dass die gleichen formalen Elemente, wie etwa ein Key Visual oder Szenen aus dem TV-Spot, auch im Internet, im Plakat und auch am POS genutzt werden. Der dafür angeführte Grund ist die Wiedererkennbarkeit. Das ist sicher nicht falsch, aber wir haben gesehen, wie wichtig auch die Neuartigkeit ist, und dass die Ziele hier weiterhelfen, weil sie mehr Flexibilität ermöglichen. Denn wenn wir 360-Grad-Kommunikation von den Zielen der Kunden her denken, sind wir flexibler, ohne die Wiedererkennung und Relevanz zu verlieren. Gerade bei neuen Themen wie der verstärkten Beteiligung von Konsumenten in Form von interaktiven Angeboten im Web, sei das Facebook, Youtube-Channels oder Twitter, reichen einfache Key Visuals nicht mehr aus. Die rein formale Konsistenz sollte durch eine inhaltliche, zielorientierte Ebene ergänzt werden.

Das gilt zum Beispiel auch für Kooperationen. Wie können wir entscheiden, welcher Kooperationspartner der richtige ist? Außer, dass er bekannt, seriös, sympathisch und vertrauensvoll ist? Auch hier helfen Ziele, kreative Möglichkeiten zu entdecken. Nehmen wir das Beispiel der Marke Puddis (siehe Abb. 94).

Abb. 94: Campina nutzt für das Produkt Puddis eine Kooperation mit der Datingplattform Friendscout24.

Wie das Bild zeigt, kooperiert Puddis mit Friendscout24. Was aber hat Pudding mit einer Kontaktbörse zu tun? Die Antwort darauf steckt in der Frage „Welches implizite Ziel verbindet diese beiden Angebote?". Wenn wir uns Pudding ansehen und was die Statistik der Umwelt darüber sagt, dann ist Pudding unter anderem mit dem impliziten Ziel „Trost" gekoppelt. Und genau hier liegt die Brücke, denn der Treiber für Mitglieder einer Kontaktbörse ist der Wunsch nach einem Partner. Denn wenn wir „alleine" sind, tut etwas „Trost", im übertragenen Sinne, gut.

==Ziele geben spezifische und gleichzeitig breitere und flexiblere Leitplanken für die Inszenierung an allen Kontaktpunkten. Wir können das Formale, wie zum Beispiel das Key Visual, durch relevante Ziele ergänzen.==

176

Tryvertising: Aktivierte Ziele mit Produktproben bedienen

Ein aktuell aufkommender Ansatz abseits der klassischen Kommunikation ist das so genannte Tryvertising. Auf den ersten Blick ist das nichts anderes als das alte Prinzip, den Kunden ein Produkt probieren zu lassen. Schauen wir uns ein Beispiel dazu an. IKEA hat kürzlich eine Werbeaktion in U-Bahnen von Großstädten wie Tokio oder Paris durchgeführt. Dabei wurden nicht einfach Werbetafeln in den U-Bahnstationen angemietet, sondern auch passende Sitzmöbel davor und in den Zügen selbst platziert (siehe Abb. 95).

Abb. 95: IKEA-Möbel in den U-Bahnen von Tokio und Paris bringen Menschen in Kontakt mit den Produkten.

http://www.decode-online.de/codes/webtipp10.html – Zeigt einen Film zu der Tryvertising-Aktion von IKEA.

Der entscheidende Unterschied zum Sampling ist, dass ein Produkt und die Interaktion mit einem Produkt hier in einem Kontext platziert sind, der mit dem impliziten Ziel des Produktes übereinstimmt bzw. in dem dieses Ziel aktiv ist. Wo sonst könnte man das Leben schöner und bunter machen als in der grauen U-Bahn von Paris. Mal ganz abgesehen vom Basisziel „Sitzgelegenheit". Wir haben gesehen, dass die Aufmerksamkeit und die

Erinnerung von Kunden sehr stark von ihren Zielen bestimmt werden. Den Kontakt mit dem Produkt gemäß den aktivierten Zielen zu steuern, ist somit konsequent und logisch. Das Ziel ist durch den Kontext bereits aktiviert, die mentale Tür ist schon geöffnet. Beim klassischen Produkt-Sampling dagegen ist es Zufall, ob die mentale Tür zum Konsumenten offen steht oder nicht.

Gillette hat in Australien an einem einzigen Tag 2,2 Millionen Gratis-Samples seiner Wegwerf-Zahnreiniger verteilt – die größte in Australien je durchgeführte Sampling-Aktion. Das ist erst mal nichts anderes als das klassische Sampling. Interessanter aber ist eine Aktion, die danach in Kooperation mit der Airline KLM umgesetzt wurde. Die Zahnreiniger wurden auf allen KLM-Flügen direkt nach dem Essen verteilt, genau zu einem Zeitpunkt und in einem Kontext, als das Ziel „Zähneputzen" und „Mundhygiene auf Reisen" aktiv war. Zwar erreicht Letzteres weniger potenzielle Kunden und die Reichweite ist geringer, aber der Mitteleinsatz ist sehr viel effizienter und die Streuverluste viel geringer.

Wenn eine Marke in einem Moment auftritt, in dem beim Konsumenten das mit ihr gekoppelte Ziel bereits aktiv ist, erhöht sich die Wirkung.

Service-Marken erlebbar machen

Vor dem Hintergrund der Erkenntnisse dieses Buches wird deutlich, wie wichtig es gerade für Serviceunternehmen ist, erlebbar und „be-greifbar" zu werden. Aber auch hier gilt: die Umsetzung muss zum Ziel der Kunden passen. Das holländische Energieunternehmen Nuon zeigt, wie das gehen kann (siehe Abb. 96).

Energie, speziell Strom, ist ein Thema, das wir sprichwörtlich nicht anfassen können. Was sind die Basisziele, die ein Energieanbieter erfüllen muss? Dass unsere Geräte Strom haben und unser Zuhause warm ist. Letzteres greift der Energieanbieter Nuon auf und hat ein T-Shirt entwickelt, das seine Farbe verändert, wenn sich die Körpertemperatur des Trägers erhöht, zum Beispiel beim Sport. Da die Aktion im Zuge der Fußballweltmeisterschaft geschaltet wurde, verfärbt sich das T-Shirt passend zur Farbe der niederländischen Nationalmannschaft orange. Die dazu produzierten Werbespots

Abb. 96: Der niederländische Stromanbieter Nuon macht Energie über T-Shirts, die sich durch Wärme verfärben, erlebbar.

inszenieren diese Besonderheit und machen darüber hinaus Wärme auch im übertragenen Sinne erlebbar: Die T-Shirts werden immer im Kontext von Gemeinschaft inszeniert. Hier wird also die konkrete Basisleistung des Energieanbieters anfassbar gemacht und zusätzlich soziale Wärme, als implizite Belohnung, angeschlossen.

Media: Aktivierte Ziele erhöhen die Wirkung

Viele der Tryvertising-Aktionen setzen an den Basiszielen an, die Menschen mit einem Produkt oder einem Serviceangebot verbinden. Noch wirksamer ist es, wie wir gesehen haben, wenn wir darüber hinaus auch die impliziten Ziele der Kunden ansprechen. Gerade für die Mediaplanung ergeben sich hier große Chancen. Die Marke hohes C hat vor einiger Zeit mit „Heimische Früchte" ein neues Produkt auf den Markt gebracht. Wie der Name sagt, werden darin in Deutschland geerntete Früchte verarbeitet. Wie kann man das dahinterliegende Konzept „Heimat" relevant in der Aussteuerung der Plakatwerbung nutzen? Wo müssten die Plakate geschaltet werden, wenn wir ein mit Heimat verknüpftes Ziel nutzen wollen, das gerade aktiviert ist (siehe Abb. 97)?

Die Mediaagentur Vizeum hat das gelöst, indem sie Plakate an Flughäfen platzierte, also genau dort, wo die Menschen aus dem Urlaub oder von

Abb. 97: Die Mediaagentur HMS Group Vizeum setzt bei der Vermarktung des Produkts „Heimische Früchte" auf die Platzierung an Flughäfen.

Geschäftsreisen nach Hause, in die Heimat zurückkehren. Natürlich muss die Reichweite stimmen, aber hier liegt ein großer Hebel zur Optimierung und zur Effizienzsteigerung des größten Marketingpostens Media. Die Mediaplanung basiert nach wie vor in erster Linie auf der Reichweite und soziodemografischen Angaben. Daran ist auch nichts auszusetzen, doch die Perspektive der Ziele bietet hier einen weiteren Ansatz für eine Optimierung der Planung des Werbeumfeldes. Bisher sind Ansätze jenseits von Reichweite und Soziodemographie oft dann gescheitert, wenn man Marken auf Basis von Emotionen positionierte. Denn unabhängig davon, in welchem TV-Format man einen Spot schaltet, kann man nicht wissen, welche konkreten Emotionen in den einzelnen Sendungen auftreten und ob diese zum Produkt passen.

Es geht aber gar nicht um die Emotion im Film – die so genannten programminduzierte Emotion – sondern es geht um unser Ziel, wenn wir eine bestimmte Sendung schauen oder ein Magazin lesen. Das ist bei *Bauer sucht*

Frau ein anderes als zum Beispiel bei einer Nachrichtensendung. Es funktioniert wie das Beispiel mit der sozialen Ausgrenzung und der Suppe: Wenn wir gerade das Bedürfnis haben, unser Heimat-Konto aufzufüllen, schauen wir „Bauer sucht Frau". Eine Marke wie Landliebe kann dann mehr Effizienz erzielen, denn alles, was zum aktuellen Ziel passt, wird stärker und tiefer verarbeitet.

Die wesentlichen Punkte dieses Kapitels auf einen Blick:
- Über das Key Visual hinaus geben die Ziele spezifische und gleichzeitig breitere und flexiblere Leitplanken für die Inszenierung an allen Kontaktpunkten. Wir können das Formale durch das Relevante, also die Ziele der Konsumenten, ergänzen.
- Tritt eine Marke genau dann auf, wenn beim Konsumenten auch genau dieses Ziel aktiv ist, dann erhöht sich über die Lerngesetze im Gehirn die Wirkung.
- Über die Kundenziele als Plattform kann die Mediaplanung an die strategischen Ziele der Marke angepasst werden.

Der Preis als Code:
Menschen zahlen für Ziele

Was Sie in diesem Kapitel erwartet: Ziele bestimmen unseren Umgang mit Produkten. Es überrascht deshalb nicht, dass der Wert eines Zieles für den Kunden nicht nur die Relevanz des Produktes bestimmt, sondern auch seine Zahlungsbereitschaft. In diesem Kapitel schauen wir uns an, was Wissenschaftler über die Wirkung von Preisen im Gehirn herausgefunden haben und wie wir das in der Bestimmung des optimalen Preises unserer Produkte nutzen können.

Ziele bestimmen den Preis

Beispiele wie das iPhone oder das Sideboard mit den gebrauchten Schubladen haben gezeigt, dass wir bereit sind, für die impliziten Ziele, die wir mit Produkten erreichen können, einen signifikanten Aufschlag zu bezahlen. Man würde meinen, dass ein Topflappen für umgerechnet 50 Euro oder ein Glas voll Murmeln für 45 Euro unverkäuflich ist. Aber in einer Reihe von eBay-Auktionen waren Menschen tatsächlich bereit, solche Summen auszugeben. Warum? Weil zu jedem Objekt eine Geschichte erzählt wurde. Die Auktionen waren Teil des so genannten „Significant Object"-Projektes, bei dem der *New York Times*-Journalist und Konsumforscher Rob Walker herausfinden will, wie stark mentale Konzepte unsere Kaufbereitschaft für triviale Produkte erhöhen, wie viel Wert wir immateriellen Dingen beimessen, unabhängig von ihrem materiellen Wert. Walker und sein Team kauften 100 Produkte und Objekte für insgesamt 128 Dollar, erlösten dafür aber satte 3.612 Dollar, einzig aufgrund der Geschichten, die sie sich für die Produkte ausdachten!

Eine kitschige Figur aus Russland, gekauft für drei Dollar, wurde beispielsweise für fast 200 Dollar verkauft. Der eBay-Eintrag zum Foto der Figur erzählte von ihren historischen Wurzeln und ihrer kulturellen Bedeutung. Der Eintrag startet mit dem Satz „Es handelt sich hier um eine Ikone des Heiligen Vralkomir von Dnobst" und endet nach detaillierten Ausführungen zur Geschichte der Figur mit der Aussage: „Ich hoffe, jemand gibt dem Heiligen St. Vralkomir das Zuhause, das er verdient (siehe Abb. 98).

Abb. 98: Die Figur ist ein Teil aus der „Significant Objects"-Studie des Konsumforschers Rob Walker.

Eine gute Geschichte zu konsumieren, ist uns also viel Geld wert. Das zeigt nochmals sehr schön, wie stark wir Menschen dank unseres Stirnhirns über den reinen Produktnutzen hinausgehen und wie viel Wert wir dahinterliegenden, impliziten Belohnungen beimessen.

Im Alltag kaufen wir Produkte, um Ziele zu erreichen, und genau dafür zahlen wir auch. Je weniger das Produkt über seine Eigenschaften an ein implizites Ziel anschließen kann, desto weniger relevant und belohnend ist es und desto geringer ist deshalb der Preis, den wir zu zahlen bereit sind. Activia bedient das Basisziel „leckerer Joghurt", ist darüber hinaus aber auch mit impliziten Zielen wie Gesundheit und Attraktivität gekoppelt und kann deshalb ein Preis-Premium erzielen. Auch beim Joghurt mit der Ecke zahlen wir für den an den Joghurt gekoppelten kleinen Ausbruch aus der Routine einen Aufpreis. Der Kurzurlaub bei Starbucks ist uns vier Euro für einen Becher Kaffee wert. Die Handelsmarken dagegen bieten das Basisziel und der Preis, den Kunden dafür zahlen, zeigt, was das explizite Basisziel alleine wert ist.

Wir haben schon gesehen, dass die Bewertung der Relevanz eines Produktes im unteren Stirnhirn vorgenommen wird. Je höher das „Haben wollen", je wichtiger die Zielerreichung durch dieses Produkt ist, desto größer ist die Zahlungsbereitschaft. Die Kategorie gibt natürlich einen Rahmen vor, denn obwohl eine Rolex genauso das Ziel „Status sichtbar machen" erfüllt wie ein Porsche, ist die Zahlungsbereitschaft hier unterschiedlich.

Die Zahlungsbereitschaft hängt vom Ziel ab

Wenn wir ein neues Produkt in den Markt einführen, ist die entscheidende Frage: Wie viel ist der Kunde bereit, dafür maximal zu bezahlen? Bereits geringfügige Preisveränderungen können einen bedeutenden Einfluss auf den Umsatz und die Profitabilität eines Unternehmens haben. Es ist deshalb von zentraler Bedeutung, den Preis eines Produktes möglichst exakt zu bestimmen, um Umsatz- und Gewinnpotenziale voll auszuschöpfen.

Es überrascht nicht, dass die Preisforschung ein sehr großes und wichtiges Thema im Marketing ist. Sehr oft werden dabei potenzielle Kunden direkt befragt, wie viel Geld sie für ein Produkt auszugeben bereit sind. Nach einer im Fachjournal Marketing *Review St. Gallen* veröffentlichten Studie nutzen 68 Prozent der befragten Manager diese Methode. Diese Art der Befragung ist für den Probanden leicht nachvollziehbar und einfach zu verstehen. Leider widerspricht sie dem Kontrast-Prinzip, das wir ja schon kennen gelernt haben: Unser Gehirn kann ohne Referenzpunkt nichts beurteilen, noch nicht mal, ob ein Kreis groß oder klein ist.

Der Nobelpreisträger Daniel Kahneman sagt dazu in seiner Nobelpreis-Rede den etwas komplizierten, aber sehr wichtigen Satz:

„Die wahrgenommenen Eigenschaften eines Stimulus sind der Unterschied zwischen diesem Stimulus und einem Kontext vorangegangener oder zeitgleich auftretender Stimuli."

Unsere Beurteilungen sind also immer relativ. Wir beurteilen die Dinge immer vor dem Hintergrund eines Referenzpunktes.

Für die Frage nach der Zahlungsbereitschaft ist es deshalb wichtig, das Ziel als Referenzpunkt zu berücksichtigen. Wenn wir fragen „Was sind Sie bereit, für eine Tasche zu zahlen?", findet beim Konsumenten ein Abgleich mit dem Prototyp „Tasche" statt und die Preisangabe bezieht sich dann darauf. Wenn wir fragen „Was sind Sie bereit, für eine Tasche zu zahlen, um damit einen höheren sozialen Status signalisieren zu können?", findet ein Abgleich mit prototypischen Produkten dieses Zieles statt und führt zu anderen Preisschätzungen. Natürlich stehen die Produkte im Regal nebeneinander und sind damit gut vergleichbar, aber das Prinzip gilt trotzdem: Wenn wir mit einem Joghurt Gesundheit erreichen können, zahlen wir mehr, als wenn wir damit nur das Basisziel „schmeckt lecker und frisch" erreichen können. Die Preisforscher Reto Hofstetter und Klaus Matthias Miller sagen dazu:

„Die maximale Zahlungsbereitschaft eines Konsumenten ist kontextabhängig."

Den relevantesten Kontext bilden dabei die impliziten Ziele der Kunden. Wenn wir den Kunden ohne Kontext befragen, ruft er den prototypischen Preis der Kategorie ab und sortiert danach, was günstig oder teuer ist. Ohne Aktivierung des impliziten Ziels wird letztlich die Zahlungsbereitschaft für das explizite Basisziel einer Kategorie gemessen. Aber je nach Relevanz des impliziten Ziels fühlen sich Kunden stärker an ein Produkt gebunden und sind bereit, einen höheren Preis zu bezahlen

Menschen zahlen für die Zielerreichung. Je relevanter das implizite Ziel, desto höher die Zahlungsbereitschaft.

Auch der Preis ist ein Signal

Schauen wir uns die Wirkung von Preisen noch etwas genauer an. In der schon erwähnten Studie des California Institute of Technology sollten Probanden, während sie im Hirnscanner lagen, Weine probieren und bewerten. Zwei der Weine tauchten ohne Wissen der Probanden doppelt auf – einmal als „billige" Variante (5 Dollar/10 Dollar) und einmal als „Luxus"-Variante (45 Dollar/90 Dollar). Objektiv waren die Weine identisch. Die Frage der

Forscher: Verändert der Preis den erlebten Geschmack des Weines? Und ist dieser Effekt auch im Gehirn (neuronale Aktivierung) nachweisbar? Es geht hier also nicht um die Kaufbereitschaft, sondern um das sensorische Geschmackserlebnis. Obwohl die unterschiedlich teuren Weine identisch waren, zeigte sich ein massiver Effekt im Gehirn: Beim „Luxus"-Wein wurde das Stirnhirn der Probanden signifikant aktiver. Die Folge: Der teure Wein schmeckte den Probanden subjektiv deutlich besser. Preise haben zwar nichts mit der Produktleistung (hier: Geschmack) zu tun, verändern aber – wie ein Placebo – die Wirkung des Produktes im Gehirn. Warum? Der Preis ist auch eine Produkteigenschaft, ein Signal und bringt das Pendel zum Schwingen.

Die Höhe des Preises ist ein Code für Qualität. Ein teurer Wein muss nach der Statistik der Umwelt eine höhere Qualität haben und deshalb besser schmecken. Diese Erwartungen verändern die Wirkung des Produktes im Gehirn so wie bei medizinischen Placebos – denn unser Gehirn möchte seine Erwartungen beibehalten und tut alles dafür, dass die einmal entwickelten Erwartungen auch beibehalten werden können. Neu ist, dass diese Effekte nun auch neurologisch festgestellt und verstanden werden. Dabei zeigt sich, dass Preise ähnlich wie Marken und Produktdesign – und medizinische Placebos – neuronal im Stirnhirn wirken. Wie jedes andere Signal, ist auch der Preis mit mentalen Konzepten verbunden. Wenn wir uns eine besondere Pflege von einem Produkt versprechen, dann sind wir auch bereit, mehr dafür zu bezahlen. Wir finden es sogar komisch, wenn auf ein Produkt, das wir kaufen, um uns etwas Gutes zu tun, ein Sonderrabatt ausgelobt wird.

Der Preis ist ein Signal, das die Produktwirkung verändern kann.

Rabatte reduzieren die Produktleistung

Wie wirken dann eigentlich Rabatte? Wird hiermit vielleicht ein negativer Placebo-Effekt, also weniger Wirkung ausgelöst? Dieser Frage ging eine Studie des Massachusetts Institute of Technology (M.I.T.) nach. Probanden sollten Energydrinks beurteilen. Einem Teil der Teilnehmer wurde gesagt, man hätte den Energydrink zu einem Mengenrabatt eingekauft (0,89 Dollar pro Drink). Den anderen wurde der reguläre Preis des Drinks (1,89 Dollar) gezeigt. Beide Gruppen nahmen aber denselben Drink zu sich.

Anschließend absolvierten die Probanden einen Konzentrationstest und sollten binnen 30 Minuten möglichst viele Rätsel lösen (z. B.: Welches Wort ergeben diese Buchstaben: „PETLU").

Das Ergebnis: Die „Rabatt"-Gruppe löste nur halb so viele Rätsel (5,8 gelöste Rätsel) im Vergleich zur „Normalpreis"-Gruppe (9,9). Der Rabatt reduzierte die *objektive* Wirkung des Drinks auf die Konzentration der Probanden und wirkte wie ein negatives Placebo. Unser Gehirn sorgt dafür, dass wir ein Verhalten zeigen, das konsistent zu unserer Erwartung ist. In einem weiteren Experiment derselben Studie wurde untersucht, ob bzw. wie stark Werbung einen Placebo-Effekt auslösen kann. Dazu wurde einem Teil der Probanden Werbung zur Wirkung des Drinks gezeigt (z. B. „enthält Taurin", „verleiht Flügel"). Das Ergebnis: Die „Werbe"-Gruppe löste signifikant mehr Rätsel (10,1 gelöste Rätsel) im Vergleich zur „Ohne Werbung"-Gruppe (5,8). Werbung erhöht also die objektive Wirkung des Produktes und löst einen Placebo-Effekt aus, wenn die Verpackung entsprechende Signale sendet. Werbung kann auch den negativen Effekt des Rabattes teilweise kompensieren. Der Hebel ist auch hier die durch die Werbung ausgelöste implizite Erwartung an die Wirkung des Produkts. Das Ganze funktioniert aber nur, wenn Menschen an die Wirkung von Energydrinks glauben und das auch zu einem aktivierten Ziel passt. In dem gerade beschriebenen Experiment sollten die Probanden ja einen Konzentrationstest absolvieren und hierzu passt ein Energydrink.

Die Preisdarstellung verändert das Kaufverhalten

Die Wirkung von Preisen zeigt sich auch in subtileren Dingen. Forscher der Cornell Universität haben entdeckt, dass die Preisangabe in einem Restaurant einen direkten Einfluss auf den Umsatz hat. Dazu wurden die Preise auf der Karte auf drei Arten dargestellt (siehe Abb. 99):

- Numerisch mit Eurozeichen: 10,00 €
- Numerisch ohne Eurozeichen: 10
- Schriftlich: ·   Zehn Euro

Die Forscher erwarteten, dass die schriftliche Darbietung am meisten Umsatz bringt, weil es das Rechnen und damit die Kontrolle erschwert. Aber es kam anders. Eine numerische Darstellung ohne Eurozeichen war am

Abb. 99: Dreimal dasselbe Gericht. Doch die Darstellung mit dem numerischen Preis ohne Eurozeichen bringt am meisten Umsatz.

erfolgreichsten. Pro Tisch gaben die Besucher satte 5 Euro mehr aus, wenn sie Menüs mit Preisen ohne Euro-Bezug vor sich hatten, im Vergleich zu den beiden anderen Gruppen. Alles war gleich, nur das Signal „€" bzw. „Euro" war nicht vorhanden und führte zu einem anderen Konsumverhalten. Doch warum?

Preise aktivieren das Schmerzareal im Gehirn, dasselbe Areal, mit dem wir auch körperlichen Schmerz oder soziale Ausgrenzung, also sozialen Schmerz, verarbeiten. Das Eurozeichen ist für das Gehirn also ein Code für Preis und damit für Schmerz, und Schmerz gilt es zu vermeiden bzw. zu reduzieren. Deshalb wird weniger konsumiert, wenn das Eurozeichen neben den Zahlen steht. Im Unterschied zu der Wein-Studie mit den unterschiedlichen Preisen ging es hier nicht um das Geschmacksurteil, sondern es wurde tatsächlich Geld ausgegeben. Deshalb kommt hier das Schmerzareal ins Spiel.

Das Beispiel zeigt einen weiteren Punkt: Für den Autopiloten ist es egal, ob wir Euro ausschreiben oder das €-Zeichen verwenden, denn beides ist derselbe Code, transportiert dieselbe Botschaft und aktiviert damit dasselbe mentale Pendel beim Konsumenten – das Schmerz-Pendel. Es geht also auch hier nicht um das Aussehen, ob es ein „schönes" Bild ist oder nicht, sondern darum, wofür es ein Code ist und ob es das richtige mentale Konzept beim Kunden aktiviert.

Der Code „Zero"

Als Amazon in einigen europäischen Ländern den Gratisversand einführte, reduzierte man fälschlicherweise in Frankreich den Preis nicht auf 0 Cent, sondern auf einen Wert von 10 Cent. In allen Ländern entwickelten sich die Bestellungen dramatisch nach oben – außer in Frankreich. Obwohl 10 Cent lächerlich wenig sind bei einer Buchbestellung, wirkte dieser minimale Betrag in Frankreich ganz anders als der Betrag „0 Cent". Das hat nichts mit den Franzosen, sondern mit unserem Gehirn zu tun.

Wir haben ganz eigene Regeln für den Umgang mit der Abwesenheit von etwas, zum Beispiel dem Konzept „Null". Aristoteles lehnte es ab, die Zahl „0" zu integrieren. Erst seit dem 16. Jahrhundert taucht diese Zahl auf. Die zentrale Erkenntnis der psychologischen Forschung ist, dass die „0" für uns etwas qualitativ Anderes bedeutet als die anderen Zahlen. Ein Produkt, das gratis ist, aktiviert in uns ganz andere Dinge als dasselbe Produkt, das nur unwesentlich mehr kostet oder stark rabattiert ist. Schauen wir uns das etwas genauer an.

In einer Studie des Verhaltensökonomen Dan Ariely wurden in einer Cafeteria zwei Schachteln mit Schokoriegeln zum Verkauf angeboten. In der einen Schachtel befanden sich Schokoriegel von Ferrero zum Preis von 27 Cent, während die Riegel in der anderen Schachtel von der Billigmarke Hershey waren und nur 2 Cent kosteten. Die Forscher interessierte nun, was passiert, wenn man den Preis dieser Riegel schrittweise reduziert. Die ursprüngliche Verteilung der Kaufentscheidungen war relativ ausgeglichen: 40 Prozent kauften den Ferrero-Riegel, 45 Prozent den Billig-Riegel (siehe Abb. 100).

Wenn der günstige Riegel nur noch 1 Cent kostet, greifen 40 Prozent zu, während sich ebenfalls 40 Prozent für das teurere Ferrero zu 26 Cent entscheiden. Die Reduktion um einen Cent hat die Entscheidung nur un-

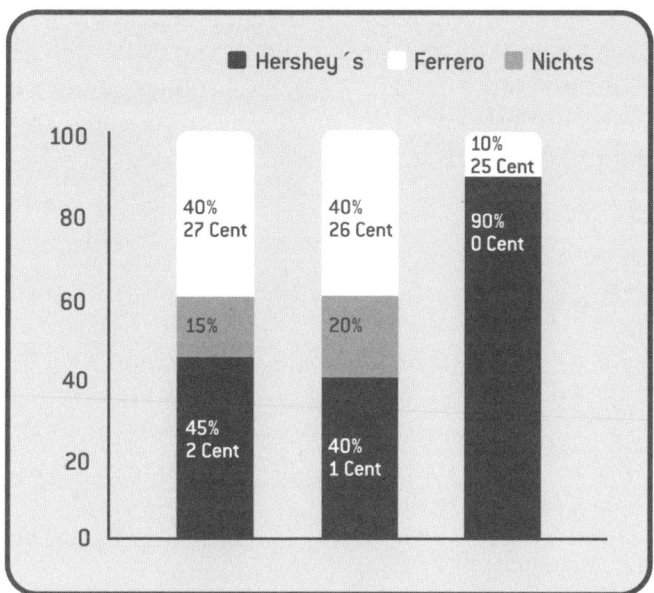

Abb. 100: Die Wahl eines Schokoriegels in Abhängigkeit der Preisreduktion. Dargestellt nach einem Experiment von Ariely.

wesentlich verändert. Setzt man aber den Preis für den günstigen Riegel nun auf Null, wird er also gratis, schnellen die Käufe von Hershey signifikant nach oben und Ferrero verliert dramatisch an Käufern. Offenbar aktiviert die Zahl „0" ganz andere Konzepte, als es bei 1 Cent der Fall ist. Das Spannende ist dabei, dass sich objektiv beide Riegel gleich stark vergünstigt haben, jeweils um einen Cent. Für das Gehirn ist das Ergebnis aber ein völlig anderes.

Ariely empfiehlt aufgrund weiterer Forschungen zu diesem „Zero-Effekt", Promotions, wo immer möglich, statt auf kleine Beträge ganz auf Null zu setzen. Statt den Preis zu halbieren, ist es effizienter, eines der Produkte gratis dazu zu geben („zwei für eins"). Statt einer Kalorie wie bei Coke Light ist es nach Ariely wirksamer, die Kalorien gleich auf Null zu setzen wie beim erfolgreichen Coke Zero.

Die wesentlichen Punkte dieses Kapitels auf einen Blick:
- Menschen zahlen für die Zielerreichung. Je relevanter das Ziel, desto höher die Zahlungsbereitschaft.
- Der Preis ist ein Signal, das die Produktwirkung verändern kann.

Baked-In: Systematisch zur Innovation

Was Sie in diesem Kapitel erwartet: Die Zusammenarbeit zwischen Unternehmen und ihren Kunden beschäftigt uns heute in vielen Diskussionen. Mindestens so wichtig ist vor dem Hintergrund des bisher Gesagten die interne Kooperation zwischen Produktentwicklung und Marketing. Wie die Perspektive der Ziele und der Codes bei der Entwicklung neuer Produkte und der Einordnung von Trends hilft, erfahren Sie in diesem abschließenden Kapitel.

Wann ein Trend wirklich ein Trend ist

Innovationen sind für das Marketing von herausragender Bedeutung. Einerseits müssen wir mit dem Wettbewerb mithalten, andererseits sind kontinuierliche Innovationen gerade bei schnell drehenden Konsumgütern wichtig, um den Regalplatz im Handel zu verteidigen. Es wird dabei immer schwieriger, Produkte zu entwickeln, die eine echte, wahrnehmbare oder kommunizierbare Optimierung des Basisziels bieten. Weißer als weiß ist eben schwierig und „besserererer" reicht auch nicht aus. Hinzu kommt eine sehr große Anzahl an Flops, die Kosten im zweistelligen Milliardenbereich produzieren.

In diesem schwierigen Umfeld werden Trends sehr genau beobachtet. Innovationen, die einen gerade aktuellen Trend bedienen, scheinen per se relevant und damit eine gute Grundlage für Erfolg zu sein. Schauen wir uns Trends einmal vor dem Hintergrund des bisher Gesagten an. In den Feuilletons und den Zeitungen finden wir eine kaum noch überschaubare Anzahl von postulierten Trends, alles scheint im Fluss zu sein. Auch Trendagenturen werfen mit Mega-Trends und Subtrends um sich. Zu jedem Trend wird ein Gegentrend postuliert. Das macht es nicht einfacher.

In einem Artikel im *Harvard Business Review* wurden die neuesten Trends im Konsumentenverhalten zusammengefasst. Der neue Zeitgeist, so der Artikel, werde vom Konsumenten selbst bestimmt. Die Konsumenten würden sich zusammenschließen, wären immer besser informiert, besser ausgebildet und organisiert und mit einer „zunehmenden Vertrautheit mit den Mechanismen der Werbung" ausgestattet. Sie hätten „lange genug unter irreführender und dummer Werbung gelitten", und es sei deshalb nicht überraschend, dass sich die Macht weg vom Produzenten hin zum Konsumenten verschiebe. Diese Veränderungen, so die Zusammenfassung des Artikels, würden den Konsumenten kritischer machen und seine Wichtigkeit für das Marketing erhöhen.

Das klingt nach dem üblichen Manifest für „kollaboratives Marketing", bei dem in Zeiten von Web 2.0 die Konsumenten nach mehr Einfluss verlangen und insgesamt das Steuer jetzt in der Hand halten. Das Spannende an diesem Artikel ist, dass er 1939 (!) erschienen ist. Wir zitieren das Beispiel nicht, um die Relevanz von Twitter, Facebook und Co. in Frage zu stellen, sondern um die Frage aufzuwerfen, wie man eruieren kann, wann ein Trend wirklich ein Trend ist. Die erste Aufgabe ist es, hier die Spreu vom Weizen zu trennen. Handelt es sich wirklich um einen Trend? Ist es wirklich neu und relevant? Lohnt es sich, auf den Trend aufzuspringen und ein neues Produkt darauf hin zu entwickeln oder anzupassen? Und wo ist die Verknüpfung zu unserer Kategorie, unseren Produkten und Marken?

Es gibt zwei Ansatzpunkte, um zu entscheiden, ob überhaupt ein Trend vorliegt: Entweder müssen sich die Signale verändern, zum Beispiel wird plötzlich die Farbe Weiß „in", oder Verhalten muss sich ändern. Das heißt, Menschen müssen etwas anders tun oder etwas Anderes tun, wie zum Beispiel der Trend, dass Erwachsene plötzlich farbige Gummistiefel tragen. Der Trend muss wahrnehmbar sein. Das unterscheidet den Trend von intellektuellen Planspielen und Szenarien. Schauen wir uns jeweils ein Beispiel für einen Trend auf Signalebene und auf Verhaltensebene sowie die dahinterliegenden Ursachen an. Richtig verstanden, können Trends wichtige Inspirationsquellen für Innovationen sein.

==Ein Trend liegt nur dann vor, wenn die Veränderungen wahrnehmbar sind: Es müssen sich Signale oder Verhalten ändern.==

Der Trend „Weiß"

Nehmen wir das Beispiel der Trendfarbe Weiß. Wir wollen an diesem Beispiel zeigen, wie man über eine systematische Analyse des Codes „Weiß" zu dem Warum, dem impliziten Ziel hinter einem Trend gelangt und wie man ihn dadurch besser bewerten oder nutzen kann. Da die Bedeutung von Codes wie der Farbe Weiß nicht plötzlich entsteht, hilft es, sich die Vergangenheit anzuschauen, eine Art Signal-Archäologie zu betreiben. Wofür steht die Farbe Weiß?

Eine Assoziation, die mit der Farbe Weiß immer schnell aktiviert wird, ist das Hochzeitskleid. Überraschend dabei ist, dass Hochzeitskleider sehr lange nicht weiß waren. Erst ab dem Ende des 18. Jahrhunderts verkörperte die Brautmode die bürgerlich-kirchliche Moral: die Jungfräulichkeit der Braut, welche mit Reinheit gleichgesetzt wurde. Weiß war also ein Signal für Moral, damals auch eng verbunden mit Religiosität. Das Konzept „christliche Moral" stieg in seiner Relevanz und dies wurde signalisiert mit der Farbe, die für Moral steht: „Weiß". Was finden wir in der Wissenschaft zum Thema Weiß? Hier bestätigt sich der Zusammenhang von Weiß und Moral. In einer kürzlich im Fachjournal *Psychological Science* veröffentlichten Studie wurde gezeigt, dass Menschen viel schneller reagieren, wenn „gute" Worte wie „Engel", „Heiliger" oder „Ehrlichkeit" in weißer statt schwarzer Schrift (auf grauem Hintergrund) präsentiert werden. Umgekehrt werden „schlechte" Worte wie „Teufel", „Sünde" oder „Hölle" schneller dekodiert, wenn sie in schwarzer statt weißer Schrift präsentiert werden.

Warum aber wird in Japan bei Beerdigungen Weiß getragen? Steht Weiß dort für etwas Negatives? Nein. Warum also Weiß? Im Japanischen gibt es eine Redewendung, die frei übersetzt unserem „ein unbeschriebenes Blatt" ähnelt. Es geht um den Zustand, bevor das Blatt neu beschrieben wird. Und da die Beerdigung buddhistisch geprägt ist und im Buddhismus die Wiedergeburt nach dem Tod ansteht, ergibt sich dadurch die Farbe Weiß: Das Blatt wird neu beschrieben, es gibt einen Neustart. Weiß als Signal trägt also nicht nur Moral in sich, sondern auch Neustart. An diesem Beispiel sehen wir, dass die Bedeutung eines Signals nicht willkürlich ist, aber flexibel innerhalb dieser Leitplanken genutzt wird. In der Trendfarbe Weiß drückt sich also der Wunsch nach einem Neustart aus.

Der Trend muss sich in weiteren Signalen äußern

Wenn ein Ziel in der Gesellschaft relevanter wird, dann ist es wenig plausibel, dass sich dies nur in einem Signal manifestiert. Es ist deshalb zur Absicherung eines Trends sinnvoll, nach weiteren Belegen für dieses Ziel zu suchen. So ein Beleg kann der Trend sein, dass plötzlich Erwachsene bunte Gummistiefel tragen (siehe Abb. 101).

Abb. 101: Auf einmal tragen auch erwachsene Menschen bunte Gummistiefel.

Wie passen die beiden Trends „Weiß" und „Gummistiefel" nun zusammen? In der Statistik der Umwelt tragen eigentlich nur Kinder Gummistiefel. Und wann tun sie das? Wenn es draußen regnet und die Kinder trotzdem spielen wollen. Es gibt ihnen mehr Freiheit, sie müssen nicht aufpassen, sich schmutzig zu machen. Das Kind kann sich ganz unbedarft bewegen. Was bedeutet es, wenn Erwachsene Gummistiefel anziehen? Sie ziehen sich ein Stück Kind-sein an, ein Stück Unbedarft-sein. Dabei handelt es sich um eine in der Psychologie bekannte Strategie, mit Konflikten umzugehen. Wir verhalten uns kindlich, wollen wieder Kind sein, um den Konflikten und Unwägbarkeiten der Erwachsenenwelt zu entfliehen. Insbesondere dann, wenn wir nichts dagegen tun können. Die beiden Ziele, der Neustart bei der Farbe Weiß und der Wunsch nach Unbedarft-sein bei den Gummistiefeln, passen also sehr gut zusammen, schaut man sich die Wucht der globalen Krisen an, zu deren Bewältigung man nichts beitragen kann. In beiden Fällen ist der Trend also eine Reaktion auf eine gesellschaftliche Veränderung.

Gesellschaftliche Entwicklungen aktivieren Ziele, und wir suchen dann nach Möglichkeiten, diese Ziele zu regulieren. Ein weiteres Beispiel dafür ist der Lipstick-Effekt, der besagt, dass in Krisenzeiten der Absatz von Lippenstiften immer nach oben schnellt, also das Ziel „sich etwas Gutes tun" relevanter wird. Umgekehrt konsumieren Männer immer dann mehr Zigarren, wenn die Wirtschaft nach oben zieht.

Dabei nutzen wir Signale und Verhaltensweisen, die mit dem nun wichtiger gewordenen Ziel bereits gekoppelt sind. Der Trend besteht also nicht im Signal selbst, dem Gummistiefel oder der Farbe Weiß, sondern im dahinterliegenden impliziten Ziel. Gerade weil die Koppelung zwischen Signalen und impliziten Zielen regelhaft ist, ermöglicht eine systematische Dekodierung der Signale und des Umgangs mit ihnen oft einen Zugang zu den wahren Gründen eines Trends.

Nur wenn wir das dahinterliegende Ziel kennen, können wir auch die Anknüpfung an unser Produkt eruieren. Ist das im Trend verborgene implizite Ziel in unserer Kategorie nicht relevant, können wir diesen Trend nicht nutzen. Besteht aber eine Anbindung, ist es eine gute Möglichkeit für erfolgreiche Innovationen.

==Nur wenn wir das hinter dem Trend verborgene implizite Ziel entschlüsseln, können wir den Trend für unsere Produkte und Marken systematisch nutzen.==

Warum es einen Trend zu gebrauchten Möbeln gibt

Schauen wir uns ein letztes Beispiel eines Trends an. Wir haben zu Beginn des Buches das Sideboard gesehen, das aus alten, gebrauchten Schubladen besteht und zu einem sehr hohen Preis verkauft wird. Das ist kein Einzelfall. Designer wie zum Beispiel Peet Hein Eek haben sich darauf spezialisiert,

Möbel aus alten Materialien herzustellen. Die sind sehr gefragt und erzielen Premium-Preise. Was steckt dahinter? Welches implizite Ziel wird damit erfüllt? Beim Sideboard liegt der Schlüssel zum Code in den Schubladen, denn die unterscheiden sich von normalen Möbeln. Sie sind alt, zumindest sind sie gebraucht und weisen Gebrauchsspuren auf. Es wird darauf verzichtet diese Gebrauchsspuren zu entfernen, wie es oftmals bei der Restauration von alten Möbeln üblich ist. Zudem sind zwar die Schubladen gebraucht, der Rahmen des Sideboards aber ist neu. Es geht nicht um den Trend zum Shabby-Chic, bei dem man Möbel vom Flohmarkt, so wie sie sind, in seine Wohnung stellt. Wenn wir hier das Prinzip der Kontrastierung anwenden, müssen wir unser Sideboard mit einem komplett neuen Sideboard vergleichen. Was addieren die gebrauchten Schubladen, denn sie sind das unterscheidende Signal (siehe Abb. 102)?

Abb. 102: Weitere Möbelstücke des Anbieters SchubLaden.de. Alte Schubladen leben durch die Nutzung in neuen Möbeln fort.

Zum einen sind diese Sideboards Unikate, niemand anderes hat das gleiche Produkt. Warum ist das für Menschen zunehmend relevant? Weil wir heute alle die gleichen Möbel haben. Durch die Konzentration der Möbelhäuser und Hersteller und deren Angleichung aneinander sehen die Wohnungen alle gleich aus. Dadurch bekommt das Ziel „Individualität" eine erhöhte Relevanz. Das reicht aber nicht zur Erklärung, denn man könnte sich auch ein komplett neues Einzelstück schreinern lassen. Warum gebrauchte Schubladen? Die Schubladen wurden aufgehoben, gesammelt – das Gegenteil von Wegwerfen. Warum wurden früher prototypisch Gegenstände aufgehoben? Wegen ihrer Geschichte, ihrer Patina und weil man dadurch

Geschichte an die folgenden Generationen weitergegeben und erhalten hat. Die herkömmlichen Regale dieser Welt eignen sich dafür aber nicht. Sie sind der Prototyp der geschichts- und damit seelenlosen Industriegüter.

In Mailand wurden aufgrund derselben impliziten Ziele Shops eröffnet, in denen man alte T-Shirts neu färben und verändern kann. Das steht in keinem Verhältnis zum Materialwert, aber es steht eben im Verhältnis zum mentalen Wert. Man verknüpft Erinnerungen daran und die will man nicht wegwerfen. Und bei den gebrauchten Möbeln kauft man sich Geschichte ein und kann sie dann selbst weiterführen. Es geht hier um eine Rückgewinnung von Individualität in einer immer konformer werdenden Konsumwelt. Diese Art von Ziel zeigt nochmals die Flughöhe von Zielen, die im Stirnhirn reguliert werden. Es geht bei diesem spezifisch menschlichen Selbstmanagement um weit mehr als „Gefühle". Hat eine Marke mit einem Produkt Anschluss an einen solchen Trend, kann es sehr sinnvoll sein, diesen zum Beispiel auch in Form einer Line-Extension und in der Kommunikation zu nutzen.

Das Implizite ist im Produkt „eingebacken"

Wesentlich konkreter und im Alltag auch wichtiger als Trends sind Produktinnovationen. Wie hilft die Perspektive der Codes hier? Analog zu unserem Pendel stehen zwei Wege zu relevanten Innovationen zur Verfügung: vom Signal her kommend und vom Ziel her kommend.

Die erste Art der Innovation ist die Optimierung des bestehenden Basisziels: dass der Joghurt leckerer ist, das Waschmittel noch sauberer macht oder die Bremsen noch besser bremsen. Da die Kunden zuerst einmal das Basisziel kaufen, ist eine Optimierung in diesem Bereich auf jeden Fall relevant. Dabei ist aber eines zentral: Die Optimierung muss wahrnehmbar sein, sie muss glaubwürdig sein. Nur „bessererer" zu behaupten, ist wenig überzeugend. Und: Nicht jede kleine Verbesserung macht einen Unterschied im subjektiven Erleben der Konsumenten.

Der zweite Weg zur Innovation ist die Einführung eines neuen Ziels in die Kategorie über neue oder bisher unbesetzte Signale und Eigenschaften. Produkte wie das iPhone oder die Positionierung von Erdinger Alkoholfrei sind Beispiele für diesen Ansatz. Innovation bedeutet hier, dass das Basisziel immer noch bedient wird – ohne das geht gar nichts –, darüber hinaus aber neue implizite Ziele in die Kategorie integriert werden.

Egal welche Art von Innovation: Dreh- und Angelpunkt sind die Signale, die wahrnehmbaren Eigenschaften des Produktes und seiner Versprechen. Nimmt man die Erkenntnisse in diesem Buch ernst, dann muss das implizite Ziel in das Produkt „eingebacken" sein. Das ist die Basis für Relevanz, Differenzierung und Glaubwürdigkeit. Für jede Art der Innovation benötigen wir die richtigen Signale. Wie können wir diese systematisch suchen und vor allem finden? Wir haben bereits gesehen, dass über die Statistik der Umwelt die Signal-Ziel-Verbindungen vorhanden sind. Und nicht nur das, sie sind auch vorgegeben. Das Gehirn wird vorhandene, Hunderte Male bestätigte Verbindungen nicht ändern, nur weil ein Anbieter für eine kurze Zeit eine andere Verbindung proklamiert. Das wäre ineffizient.

Das klingt jetzt erst einmal nach einer Limitierung. Ist es aber nicht, denn wir haben gesehen, wie flexibel wir Ziele bedienen und anstoßen können. Denken wir an das iPhone: Die Verbindung zwischen dem Blättern in einem Magazin und der damit assoziierten Zerstreuung war vorher schon da, aber nicht in dieser spezifischen Kategorie. Unser Suchraum für Signale ist also nicht enger, sondern breiter geworden, denn wir können jedes Signal nutzen, das mit unserem intendierten Ziel bereits verknüpft ist – über die Grenzen der Kategorie hinweg.

==Innovationen sind neue Signal-Ziel-Verbindungen in einer Kategorie, es sind also neue Codes.==

Wie das Gehirn Produktkategorien organisiert

Um dieses Potenzial optimal nutzen zu können, schauen wir uns an, was die aktuelle Forschung darüber herausgefunden hat, wie unser Autopilot Kategorien bildet. Wenn wir von „Kategorie" sprechen, meinen wir in der Regel Dinge wie „Light-Produkt" oder „Bier" – die vom Handel und den Panelanbietern definierten Produktkategorien. Aber wie kategorisiert eigentlich der Autopilot im Gehirn?

Nehmen wir die in der Abbildung gezeigten Produkte (siehe Abb. 103). Wir sehen einen Apfel, eine Orange und einen Doughnut. Das Beispiel stammt aus einem Experiment des Psychologieprofessors Lawrence Barsalou, dessen Fachgebiet unter anderem die wissenschaftliche Forschung zur Frage ist, wie Menschen Dinge kategorisieren, wie wir also unsere mentalen Schubladen organisieren.

Abb. 103: Ein Apfel ist nicht einfach nur ein Apfel. Je nach Ziel wird er als gesund oder als praktisch einsortiert.

Welche Kategorien würden wir bilden? Wir würden erst einmal die offensichtliche Kategorie „Obst" mit Apfel und Orange bilden. Wenn wir „gesund essen" wollten, dann würden wir diese beiden auch zusammen nehmen. Was aber ist, wenn es um das Ziel „schnell essen" geht? Dann würden wir Apfel und Doughnut in eine Kategorie einordnen, denn die Orange ist aufwändiger zu essen. Genauso verhielten sich die Teilnehmer des Experimentes auch. Warum aber wird ein solches Experiment überhaupt durchgeführt, wenn das Ergebnis so klar ist? Und warum wird das Ergebnis dann auch noch in der renommierten Zeitschrift *Journal of Consumer Psychology* publiziert?

Dieses Experiment verdeutlicht, wie wir Menschen die Dinge kategorisieren: nämlich nach Zielen. Die Forschung nennt dieses Prinzip zielbasierte Kategorisierung *(Goal Based Categorization)* und meint damit die Fähigkeit des Gehirns, Dinge je nach Ziel anders zu kategorisieren. Nehmen wir ein Beispiel aus dem Alltag. Angenommen wir schauen aus dem Fenster und sehen Schnee. Wenn wir im Urlaub sind und Ski fahren wollen, dann ist das perfekt. Wenn wir aber zu Hause sind und pünktlich bei einem Termin sein müssen, dann ist der Schnee nichts Positives, sondern etwas Negatives. Je nach Ziel ordnen wir den Schnee anders ein und genauso ist es bei Produkten. Wir haben ja schon die Studien kennen gelernt, welche die Wirkung von Zielen auf unsere Aufmerksamkeit belegen. Hier zeigt sich, dass es auch die Eigenschaften von Produkten sind, die wir je nach Ziel anders beachten und bewerten. Fragt man Leute nach einem typischen Snack und seinen Eigenschaften, werden oft andere Dinge betont, als wenn man nach einem typischen Snack für eine abendliche Party mit Freunden fragt.

Nicht nur, dass wir uns für das Produkt entscheiden, mit dem wir unser Ziel erfüllen können, wir kategorisieren auch die Produkte danach. Natürlich wissen wir, dass ein Apfel ein Apfel ist, diese explizite Basiskategorie ist uns natürlich bekannt. Aber es gibt eben auch noch eine weitere Kategorisierung, die nicht zuletzt deshalb wichtig ist, weil sie unsere Aufmerksamkeit steuert. Was bedeutet das für die Entwicklung von Innovation?

Alle Produkte in einer Zielkategorie zeigen uns auf, welche Signale mit diesem Ziel verbunden sind. Diese Quelle können wir für unsere Innovationen nutzen.

Codes für Innovation nutzen: Fallbeispiel Shuyao

Wenn unser Gehirn Produkte nach Zielen kategorisiert, dann hat es auch die Codes und Signale gelernt, die mit einem Ziel verbunden sind – und das über die verschiedenen Produktkategorien hinweg. Schauen wir uns das am Beispiel einer erfolgreichen Innovation etwas genauer an: der Teemarke Shuyao. Angenommen wir sind Vermarkter von Tee und wollen über eine Innovation mehr Tee verkaufen. Der erste Reflex ist häufig, ein Produkt zu entwickeln, das die Kunden vom Wettbewerberprodukt abbringen soll. Das führt aber regelmäßig zum „Besserererer"-Ansatz, der meist wenig relevant und wenig erlebbar ist. Wie kommt man hier einen Schritt weiter?

Wir haben gesehen, dass unsere Kunden nach Zielen kategorisieren. Was ist nun die implizite Kategorie beim Teetrinken, welche Ziele werden hier verfolgt? Um das zu entschlüsseln, müssen wir uns das Verhalten der Kunden ansehen. Beginnen wir mit dem Basisziel. Das Basisziel ist „einen Tee trinken wollen". Hier liegt die erste Möglichkeit bei der Suche nach Innovationen. Wir müssen ein Stück zurückgehen und fragen „Was ist das übergeordnete Basisziel und warum wollen Menschen einen Tee trinken?". Es mag viele Gründe geben, aber das breiteste Ziel, das damit verbunden ist, ist der Wunsch, etwas zu trinken. Bei der Suche nach Innovationen ist es ratsam, mit einem möglichst breiten Rahmen zu beginnen. Beim Auto zum Beispiel ist dieser nicht Autofahren, sondern Mobilität, und damit erschließen sich Automobilhersteller eine Vielzahl neuer Möglichkeiten im Bereich Service und Kooperationen.

Es gibt nun eine große Anzahl an Alternativen, um das Basisziel „etwas trinken" zu erfüllen – vom Softdrink bis zum Bier, von warm bis kalt. Mit all diesen Produkten konkurriert der Tee. Wir haben aber auch gesehen, dass die wahrnehmbaren, physischen Produkteigenschaften wichtig sind für die Kategorisierung. Der Tee konkurriert weniger mit einem kalten Bier, sondern Substitute sind eher die warmen Getränke. Wenn wir also wollen, dass Menschen mehr Tee trinken und auch noch unseren Tee, dann müssen wir sie dazu bringen, unser Getränk statt eines anderen warmen Getränkes zu nutzen. Das klingt offensichtlich, dieser Schritt der Verhaltensorientierung wird aber häufig vergessen.

Es wird sehr oft nicht berücksichtigt, dass unsere Kunden ja schon etwas tun, um ein bestimmtes Ziel zu erreichen – wenn auch eventuell mit anderen Produktkategorien – und wenn sie unser Produkt kaufen sollen, dann bedeutet das, dass sie ein anderes nicht kaufen oder in diesem Moment nicht nutzen. Der legendäre Misserfolg der New Coke wäre nicht erfolgt, wenn man statt „Würden Sie das kaufen?" die Frage „Würden Sie das kaufen anstatt der bisherigen Coke?" gestellt hätte. Diesen Ansatz der strategischen Planung nennt man *Behavioral Planning*. Die Supermarktkette Sainsbury's etwa hatte eine ambitionierte Umsatzsteigerung als Ziel. Die betreuende Agentur AMV BBDO wandelte dies in eine verhaltensbasierte Strategie um: Das Umsatzziel wird dann erreicht, wenn jeder Kunde nur ein Produkt mehr in den Einkaufswagen legt als bisher. So entstand die Kampagne „Try Something New Today" mit Jamie Oliver als Testimonial. Vor dem Hintergrund des Embodiment und der Verhaltensziele von Menschen erscheint dieser Ansatz sehr plausibel.

==Bei der Planung der Innovation muss das konkrete Verhalten der Menschen berücksichtigt werden: Was sie heute tun, was sie dann tun sollen und was sie nicht mehr tun.==

http://www.decode-online.de/codes/webtipp11.html – Zeigt die Kampagne von Sainsbury's.

Die Codes eines Tees für die Arbeit

Kommen wir vor diesem Hintergrund zum Tee-Beispiel zurück. Der Hauptkonkurrent im Segment der warmen Getränke ist Kaffee. Hier liegt das größte Potenzial. Wenn wir die Menschen dazu bringen wollen, unseren Tee statt Kaffee zu nutzen, müssen wir versuchen, mit dem Tee die gleichen Ziele zu adressieren, die sie mit Kaffee erreichen. Und da Menschen je nach Situation andere Ziele mit Kaffee bedienen – vom entspannenden Gespräch unter Freunden bis hin zur Strukturierung des Alltags – muss man auch genau definieren, welche der an Kaffee gekoppelten Situationen und Ziele man bedienen will und dann genau die entsprechenden, damit verbundenen Signale anbieten. Ohne diese Signale kann der Autopilot im Kopf der Kunden nicht erkennen, dass er auch mit Tee diese Ziele erreichen kann. Auch ein hoher Werbedruck würde da nicht helfen. Ohne Signale keine Glaubwürdigkeit. Genau das hat die Teemarke Shuyao mit ihrem Teamaker erfolgreich umgesetzt: Sie hat den Tee an den Arbeitskontext angeschlossen (siehe Abb. 104).

Abb. 104: Der Teamaker von Shuyao, einem Anbieter für fernöstliche Teekultur aus Düsseldorf.

Das Gefäß muss mit einem Kraftgriff, ähnlich der Arbeits-Kaffeetasse, gehalten werden. Die Zubereitung ist analog zu einem löslichen Kaffee.

Es geht schnell und man muss nicht warten, denn der Tee zieht auf dem Weg von der Küche zum Büro. Damit entfällt eine der Barrieren für das Teetrinken bei der Arbeit. Diese Eigenschaften signalisieren „Kaffee zum Arbeiten". Aber es ist natürlich Tee, d. h. die Vorteile von Tee gegenüber Kaffee, seine eher beruhigende und ausgleichende Wirkung, werden erhalten. Ähnlich wie beim iPhone wurden durch Produkteigenschaften – und damit sind alle sensorischen und motorischen Signale gemeint – neue Ziele in die Kategorie gebracht. Hier wurde die Kategorie Tee in eine andere implizite Kategorie, nämlich „warmes Getränk für die Arbeit", überführt.

Wenn wir das Ziel kennen, das wir optimieren oder neu bedienen wollen, dann können wir auf alle Signale zurückgreifen, die mit diesem Ziel bereits verbunden sind. Das sind die zentralen Codes. Das Neue an den Innovationen ist dabei die Nutzung solcher Codes in einer Kategorie. Die Codes selbst bestehen schon, sie sind über die Lerngesetze, die wir in diesem Buch kennen gelernt haben, völlig unabhängig von einzelnen Produkten in den Kopf der Kunden gelangt. Auch die Suche nach Potenzialen für Innovationen wird sehr viel klarer, wenn wir diese über Ziele und Codes analysieren. Welche Ziele sind in der Kategorie anschlussfähig, wie wichtig ist das, und wird das bereits bedient oder gibt es hier einen White Spot? So kann die Abdeckung der relevanten Ziele in einer Kategorie durch das Produktportfolio systematisch über glaubwürdige, relevante und differenzierende Codes gesteuert werden.

Wir haben jetzt gesehen, wie hilfreich das Denken in expliziten und impliziten Zielen und die implizite Verknüpfung von Produkteigenschaften und mentalen Konzepten für die Marketingpraxis ist. Die neuen Erkenntnisse der Forschung bieten eine klare Basis für die Strategie und ihre Umsetzung bis hin zur Produktentwicklung. Zum Schluss nochmals der Hinweis, dass wir für Sie eine Webseite zum Buch eingerichtet haben, über die Sie auf die im Buch zitierten wissenschaftlichen Quellen zugreifen, viele Fallbeispiele im Detail anschauen und weiterführende Hinweise und Tipps für die Praxis finden können.

www.decode-online.de/codes

Die wesentlichen Punkte dieses Kapitels auf einen Blick:

- Nur wenn wir das hinter dem Trend verborgene implizite Ziel entschlüsseln, können wir den Trend für unsere Produkte und Marken systematisch nutzen.
- Innovationen sind neue Signal-Ziel-Verbindungen in einer Kategorie, es sind also neue Codes.
- Bei der Planung der Innovation muss das konkrete Verhalten der Menschen berücksichtigt werden: Was sie heute tun, was sie dann tun sollen und was sie nicht mehr tun. Alle Produkte in einer Zielkategorie zeigen uns auf, welche Signale mit diesem Ziel verbunden sind. Diese Quelle können wir für unsere Innovationen nutzen.

Danksagung

Speziell danken möchten wir dieses Mal vor allem einer Person: Dirk Held (Geschäftsführer decode Marketingberatung GmbH). Ohne Dirk Held würde es dieses Buch nicht geben. Sein Input war nicht nur für die Inhalte, sondern auch für den Stil und den Praxisbezug dieses Buches von herausragender Bedeutung. Obwohl er dieses Mal nicht als Koautor in Erscheinung tritt, hat er genauso viel Zeit und Leidenschaft für dieses Buch aufgebracht wie die Autoren selbst. Ganz herzlichen Dank, Dirk!

Ein herzliches Dankeschön geht auch an Dr. Björn Held (Beiersdorf AG) für das kritische Lesen und konstruktive Kommentieren früher Versionen dieses Buches. Seine Kompetenz als Psychophysiker und seine Erfahrung in der Marketingpraxis haben diesem Buch sehr gut getan. Wie schon bei unseren beiden vergangenen Büchern, war auch der Austausch mit PD Dr. Martin Scarabis (decode, Zeppelin Universität) sowie Professor Sinsuke Shimojo (California Institute of Technology) zu den wissenschaftlichen Grundlagen dieses Buches wieder enorm hilfreich und wichtig. Ulrike Wachter-Eberle und Cornelia Bruns danken wir für das Lektorat und das positive sowie konstruktive Feedback zum Text. Die tollen Grafiken in diesem Buch wurden von Annette Gräf erstellt, vielen Dank für die starken Nerven und die kreative Umsetzung unserer Ideen! Der Dank für das großartige Buchcover geht an Mattias Zeising und seine Agentur Neonrausch. Bei Lena Semmelroggen bedanken wir uns ganz herzlich für die fotografischen Illustrationen.

Zu guter Letzt möchten wir unseren Freunden und vor allem unseren Familien danken. Es ist nicht selbstverständlich, mit welcher Überzeugung und positiver Energie sie hinter diesem Projekt standen – wohlwissend, auf was wir uns da wieder eingelassen haben. Vielen Dank!

Hamburg, im Juli 2010

Christian Scheier, Dirk Bayas-Linke, Johannes Schneider

Literaturverzeichnis

Im Folgenden haben wir die wichtigsten Quellen dieses Buches zusammengefasst. Eine sehr viel weitergehende Auflistung weiterführender Texte sowie Web-Links zu den meisten unten aufgeführten Fachartikeln finden Sie auf der Webseite zu diesem Buch (www.decode-online.de/codes). Es ist uns sehr wichtig, die wissenschaftlichen Grundlagen dieses Buches offenzulegen, damit sich interessierte Leser ein eigenes Urteil bilden können.

Kapitel 1

Ackermann, J. M., Nocera, C. C., & Bargh, J. A. (2010). Incidental Haptic Sensations Influence Social Judgments and Decisions. *Science*, 328, 1712–1715. *Dieser Artikel zeigt die Wechselwirkung von haptischer Wahrnehmung mit Mentalem und die Konsequenzen für unsere Entscheidungen und unser Verhalten.*

Ariely, D., Norton, M. I. (2009). How Concepts Affect Consumption. *Harvard Business Review. Kompakte Zusammenfassung zum Konsum von Konzepten des bekannten Verhaltensökonomen Dan Ariely.*

Isanski, B. & West, C. (2010). The Body of Knowledge. Understanding Embodied Cognition. *Observer. Sehr gute und verständliche Zusammenfassung aktueller Erkenntnisse zur „Embodied Cognition" im Fachjournal „Observer" der Association for Psychological Science*

Ijzerman, H., & Semin, G. R. (2009). The thermometer of social relations: Mapping social proximity on temperature. *Psychological Science*, 20, 1214–1220. *Soziale Wärme führt dazu, dass wir die Raumtemperatur anders einschätzen.*

Irmak, C. et al. (2005). The Placebo Effect in Marketing: Sometimes You Just Have to Want It to Work. *Journal of Marketing Research*, 42,

406–409. *Zeigt den Placebo-Effekt von Erwartungen an einen Energy-Drink bis zu Veränderungen im Blutdruck.*

Schnall, S., Benton, J., & Harvey, S. (2008). With a clean conscience: Cleanliness reduces the severity of moral judgments. *Psychological Science*, 19, 1219–1222. *Zeigt die Wechselwirkung zwischen physischer und moralischer Sauberkeit.*

Spitzer, M. (2009). Unordnung ist nicht in Ordnung. Graffiti und die Verletzung sozialer Normen. *Nervenheilkunde, 28,* 67–71. *Wie immer bei Manfred Spitzer: eine kompetente, spannend geschriebene und sehr zugängliche Zusammenfassung von Experimenten, welche den Link zwischen physischer und moralischer Sauberkeit zeigen.*

Thaler, R.H. & Sunstein, C.R. (2009). *Nudges: Improving Decisions About Health, Wealth, and Happiness.* Penguin. *Standardwerk zur Anwendung der Verhaltensökonomie in der Gesellschaft und der Politik. Zeigt die gesellschaftliche Bedeutung von Codes.*

Williams, L. E., & Bargh, J. A. (2008). *Experiencing physical warmth promotes interpersonal warmth.* Science, 322, 606–607. *Die Studie mit dem warmen bzw. kalten Becher und der Wirkung der Temperatur auf Mentales.*

Yamaka, Y et al. (2009). Social Distance Evaluation in Human Parietal Cortex. *Public Library of Science, 4 (2). Legt die neuronalen Grundlagen der Rekodierung am Beispiel physischer und mentaler Distanz offen.*

Zhong, C.B., & Leonardelli, G.J. (2008). Cold and lonely: Does social exclusion literally feel cold? *Psychological Science*, 19, 838–842. *Das Experiment mit der sozialen Ausgrenzung und dem daraus folgenden Wunsch nach einer heißen Suppe oder einem warmen Kaffee.*

Kapitel 2

Kaufman, S. B. et al. (2010). Implicit learning as an ability. *Cognition,* im Druck. *Zeigt wie das Gehirn über implizites Lernen die Statistik der Umwelt lernt, und wie implizites Lernen mit der Intelligenz von Menschen korrespondiert.*

Novemsky, N. et al. (2007). The Effect of Preference Fluency on Consumer Decision Making. *Journal of Marketing Research*, 19, 347–356. *Die Autoren zeigen, dass die Lesbarkeit eines Fonts die Kaufentscheidung beeinflusst.*

Song, H. & Schwarz, N. (2008). If it´s hard to read, it´s hard to do. Processing fluency affects effort prediction and motivation. *Psychological Science*, 19, 986–988. *Zeigt die Rekodierung von Typographie anhand spannender Experimente.*

Thielscher, A. & Neumann, H. (2003). Neural mechanisms of cortico-cortical interaction in texture boundary detection: a modeling approach. *Neuroscience*, 122, 921–939. *Die Zerlegung im Auge ist so gut verstanden, dass es hier schon sehr elaborierte Modelle dazu gibt. Eines davon wird in diesem Artikel beschrieben. Das Modell baut die ersten Schritte der visuellen Verarbeitung im Gehirn nach.*

Williams, L. E., & Bargh, J. A. (2008). Keeping one's distance: The influence of spatial distance cues on affect and evaluation. *Psychological Science*, 19, 302–308. *Zeigt, dass und wie Distanz ein Code ist.*

Kapitel 3

Gallese, V. & Lakoff, G. (2005). The Brain's concepts: The role of the sensory-motor system in conceptual knowledge. *Cognitive Neuropsychology*. *Ein Linguist und ein Neurowissenschaftler, beides Top-Experten in ihren Gebieten, fassen die relevanten Erkenntnisse zur „embodied cognition" zusammen, also wie der Körper unsere mentale Welt strukturiert.*

Helbig, H. et al. (2010). Action observation can prime visual object recognition. *Experimental Brain Research*, 200, 251–258. *Zeigt, wie Gesten bei der Erkennung helfen.*

Koch, S., Holland, R.W., Hengstler, M.,& van Knippenberg, A. (2009). Body locomotion as regulatory process. Stepping Backward Enhances Cognitive Control. *Psychological Science*, 20, 549–550. *Einen Schritt zurück zu machen, macht wacher und erhöht die Konzentration.*

Martin A. (2007).The representation of object concepts in the brain. *Annual Review of Psychology.* Vol. 58, 25–45, 2007. *Sehr fundierter Über-blick zur Frage, wie unser Körper unsere mentale Welt strukturiert.*

Tyler, A. & Evans, V. (2007). *The Semantics of English Prepositions: Spatial Scenes, Embodied Meaning, and Cognition.* Cambridge University Press. *Trotz des speziellen Titels: ein sehr empfehlenswertes Buch. Eine detail-lierte Analyse der Rekodierung bei der Sprache. Zeigt sehr schön, wie unser Körper Leitplanken auch für Sprache vorgibt, dabei aber innerhalb dieser Leitplanken sehr viel Differenzierung und Überformung im mentalen, sprachlichen Bereich existiert.*

Williams, L. E., Huang, J. Y., & Bargh, J. A. (2009). The scaffolded mind: Higher mental processes are grounded in early experience of the physi-cal world. European Journal of Social Psychology. *Gibt einen hervor-ragenden Überblick über die Mechanismen, über die mentale Konzepte im Gehirn speziell in der Kindheit angelegt werden.*

Zhong, C.B., Bohns, V.K., & Gino, F. (2010). A good lamp is the best police: Darkness increases dishonesty and self-interested behavior. *Psychological Science. Zeigt die Verhaltenswirkung des Codes Schwarz bzw. Dunkelheit.*

Kapitel 4

Cunningham WA et al. (im Druck). Orbitofrontal cortex provides cross-modal valuation of self-generated stimuli. *Social Cognitive and Affective Neuroscience. Eine spannende Studie, die belegt, dass im unteren Stirn-hirn nicht nur reale Produkte, sondern auch vorgestellte, mentale Konzepte auf ihre Relevanz hin bewertet werden. Bestätigt auch die Erkenntnis, dass es im Gehirn eine gemeinsame Währung gibt, das „Haben wollen".*

Custers, R. & Aarts, H. (2010). The Unconscious Will: How the Pursuit of Goals Operates Outside of Conscious Awareness. *Science, 329, 47–50. Zeigt über verschiedene Experimente, dass und wie Ziele implizit reguliert werden.*

Dijksterhuis, A. & Arts, H. (2010). Goals, Attention, and (Un)Conscious-ness. *Annual Review of Psychology, 61, 467–490. Sehr guter Ein- und*

Überblick zur Erkenntnis, dass unsere Ziele implizit reguliert werden und Aufmerksamkeit bzw. Bewusstsein zwei getrennte Dinge im Gehirn sind.

Hare TA et al. (2008). Dissociating the role of the orbitofrontal cortex and the striatum in the computation of goal values and prediction. *Journal of Neuroscience*, 28, 5623–5630. *Zeigt die neuronale Grundlage im Stirnhirn für die Berechnung des Ziel-Wertes (Goal Value) und dessen Bedeutung bei Entscheidungen.*

Moskowitz, G. & Grant, H. (Hsg.) (2009). *The Psychology of Goals.* New York: The Guilford Press. *Aktuelles Standardwerk zur Psychologie von Zielen. Zeigt sehr schön die Verbindung von Zielen mit Signalen und die Integration von Motivation und Kognition im Gehirn. Ebenfalls deutlich wird, dass und wie Ziele auch implizit reguliert werden.*

Ratneshwar, S. et al. (Hrsg.) (2000). *The Why of Consumption.* Contemporary perspectives on consumer motives, goals and desires. Routledge. *Gibt einen guten Überblick über die Wissenschaft der Konsumziele.*

Kapitel 5

Moerman, D. (2009). *Meaning, Medicine, and the „Placebo Effect".* Cambridge University Press. *Dieses sehr empfehlenswerte Buch fasst knapp und verständlich die subtilen und mächtigen Effekte von Codes in der Medizin zusammen, inklusive der Placebo-Wirkung einer Aspirin-Verpackung.*

Yoon, C. et al. (2006). A Functional Magnetic Resonance Imaging Study of Neural Dissociations between Brand and Person Judgments. Journal of Consumer Research, 33, 31–40. *Zeigt in einem neurowissenschaftlichen Experiment, dass Marken im Gehirn nicht wie Personen, sondern wie Objekte verarbeitet werden.*

Kapitel 6

Lehrer, J. (2008). Daydream achiever. A wandering mind can do important work, scientists are learning – and may even be essential. *Boston Globe*, 31. August, 2008. *Der bekannte Wissenschaftsjournalist Jonah*

213

Lehrer beschreibt sehr kompakt und spannend die Erkenntnisse zum Tagtraum-Netzwerk im Gehirn.

Mason, M. et al. (2007). Wandering minds: The default network and stimulus-independent thought. *Science.* 315, 393–395. *Zeigt die neuronalen Grundlagen des Tagtraum-Netzwerks an neurowissenschaftlichen Experimenten.*

Stoll, M., Baecke, S. & Kenning, P. (2008). What they see is what they get? An fMRI-Study on neural correlates of attractive packaging, *Journal of Consumer Behaviour, 7,* 342–359. *Belegt in einer neurowissenschaftlichen Studie die neuronale Wirkung von attraktiven Verpackungen.*

Kapitel 7

Karmasin, H. (2001). *Die geheime Botschaft unserer Speisen.* Bastei Lübbe. *Sehr lesenswertes Buch der bekannten Konsumforscherin Helene Karmasin zur den hinter unser Speisen liegenden, mentalen Konzepten.*

Wedel, M. & Pieters, R. (2007). Goal control of attention to advertising: the Yarbus implication. *Journal of Consumer Research,* 34, 224–233. *Sehr empfehlenswerter Artikel, der den Einfluss von Zielen auf die Verarbeitung von Werbung zeigt.*

Kapitel 9

De Martino, B. et al. (2009). The Neurobiology of Reference-Dependent Value Computation. Journal of Neuroscience, 29 (12), 3833–3842. *Zeigt, dass die Zahlungsbereitschaft vom impliziten Kontext abhängt.*

Hofstetter, R. & Miller, K. (2009). Bessere Preisentscheidungen durch Messung der Zahlungsbereitschaft. *Marketing Review St. Gallen. Zeigt verschiedene Wege, die Zahlungsbereitschaft von Kunden zu messen.*

Plassmann, H. et al. (2007). Orbitofrontal Cortex Encodes Willingness to Pay in Everyday Economic Transactions. *Journal of Neuroscience,* 27

(37), 9984–9988. *Neurowissenschaftliche Experimente, die belegen, dass die Zahlungsbereitschaft im unteren Stirnhirn reguliert wird.*

Shampan'er, K. & Ariely, D. (2009). Zero as a special price: The true value of free products. Marketing Science, 26, 742–757. *Unser Gehirn hat spezielle Regeln im Umgang mit „Gratis", dieser Artikel des bekannten Verhaltensökonomen Dan Ariely zeigt, warum.*

Kapitel 10

Loken, B. et al. (2008). Categorization Theory and Research in Consumer Psychology. In: *Handbook of consumer psychology*, 133–163. Mahwah, NJ: Lawrence Erlbaum Associates. *Sehr guter Überblick zur Frage, wie Menschen Produkte implizit kategorisieren.*

Ratneshwar, S., Barsalou, L.W., Pechmann, C., & Moore, M. (2001). Goal derived categories: The role of personal and situational goals in category representation. *Journal of Consumer Psychology*, 10, 147–157. *Zeigt das Prinzip der ziel-basierten Kategorisierung bei Produkten.*